対話・おもしろ線形代数

木村良夫 著

血 現代数学社

は じ め に

　「線形代数」ってなんと抽象的なんだろうとあなたは思っているのではないでしょうか．また，こんなことを勉強して何の役に立つのだろうと思っているかもしれません．確かに，線形代数は抽象的な教科です．しかし，そうだからといって，現実と何の関係もないというわけではありません．むしろ，抽象的だからこそ，広く現実世界とも関係を持ち，さまざまな分野に応用することもできるのです．

　それにもかかわらず，線形代数の本の応用問題の取り上げ方は貧弱なものばかりです．この本では，線形代数という学問が，どう現実世界と係わっているのか，どのような応用を持っているのかを，できるだけ多くの話題を通して示したつもりです．

　この本はまた，大学における数学教育の実践報告といった側面を持っています．教育というものは教師が一人でがんばっても成功するものではありません．学生たちと共につくっていくものです．授業中がやがや私語をして私をいらいらさせる学生たちが，時としておもしろいことを考えて授業を楽しくしてくれたり，私も驚く程のがんばりを見せることがあります．この本では，こういった学生たちの作り出した作品も多く紹介しました．

　つぎに紹介するのは，大瀧宏くんという学生のつくった詩です．この本の読者の皆さんが，大瀧くんと同じように，今までとは違った数学の世界を楽しんでくださるように期待しています．

線形代数ってなんですか？

線形代数ってなんですか
あのむずかしい数学の仲間なんですか
因数分解の兄さんですか
あまり似てはいませんね
きっと遊ぶのが好きなんでしょう
いい友だちになれそうですね
でも君は
どこか不思議なところがありますね

1993年4月　木村良夫

このたびの刊行にあたって

　この本は、1993 年に刊行された『大学一年生のためのおもしろ線形代数』のいわば改訂新版です。修正加筆しタイトルを改めました。誤記や分かりにくい記述を改め、いくつかの課題にヒントや解答をつけましたので、より読みやすくなっていると思います。

　私は、1977 年に大学教員となってから約 40 年にわたって、大学生に線形代数を教えてきました。大学の教員になってすぐ、抽象的な線形代数の学習に苦戦する学生たちを見て、何か思い切った工夫をしなければと思いました。

　当時は、高校で行列を教えていました。教科書の中に「将来はどうなる」（第 4 話参照）という人口移動の簡単なモデルを取り上げている教科書（三省堂）がありました。これはマルコフ連鎖の簡単な例になっていて、大学生に紹介すると、こういう新しい型の問題を行列で扱えるということで大変興味を持ってくれました。それに励まされて、学生たちと行列の応用問題作りを始めたところ、ユニークでおもしろい問題が続々と生まれてきました。

　そういうものを取り入れて、自分たちの身の回りの事象を線形代数と結びつけた線形代数の入門書を作ろうということで書いたのが『大学一年生のためのおもしろ線形代数』でした。初版は 1993 年ですからずいぶん前のことですが、版を重ね読み継がれてきました。それが改めて世に出ることを嬉しく思います。

　このたびの出版にあたり、お世話いただいた富田淳氏に感謝申し上げます。

2020 年 2 月

木村良夫

目　次

ベクトルとは何か？

1．ベクトルとは何か？

良彦先生：今年は一年間私が線形代数を担当します．どうぞよろしく．さて，今日は第一回ということで，ベクトルの話をしましょう．

いくつかの数の組のことを数学の世界ではベクトルとよびます．例えば，私の体を例にとりますと身長が172 cm，体重が55 kg なのですが，ここに出てくる数値を縦に並べてかいてかっこでくくると

$$\begin{pmatrix} 172 \\ 55 \end{pmatrix}$$

となります．こういうものをベクトルとよびます．この場合には体格を表わす数字が並んでいますから体格ベクトルとよんでもよいでしょう．

真紀子：先生の体格ベクトルを見ると痩せた人であることがよく分かりますね．

良彦先生：こら．気にしていることを言うな！　それじゃ，君の体格ベクトルは？

真紀子：それは秘密です．

裕介：実は，

$$\begin{pmatrix} 153 \\ 55 \end{pmatrix}$$

なんですよ。

真紀子：人の秘密をばらしてひどいわ，裕ちゃん。

良彦先生：まあまあ。ところでこれを見ると少しふとりすぎだね。

$$(身長-100)\times0.9$$

が理想体重だというからね。それでいくと47.7 kg でなければならない。15.3%もふとりすぎだ！

真紀子：先生こそ人の気にしていることを平気でいうわね。

良彦先生：ごめん。ごめん。体格ベクトルの話はこれでおわりとしよう。しかし，ベクトルというものは身近な所にあることが分っただろう。君たちも1つ例をあげてごらん。

裕介：女性のスタイルを示す BWH なんかもそうだね。

真紀子：また体の話を出す！

良彦先生：BWH もベクトルの例になっているが，体の話はもうよそう。ベクトルというものは人の体のように自然にある物の中だけでなく，人間の社会の中にもいっぱいあるのだよ。例えば，ケーキを考えてみよう。

真紀子：ケーキの中にもベクトルがあるの？

良彦先生：そうだよ。大きいバターケーキを1つつくるのにメリケン粉が250 g とサトウが200 g それにバターが225 g いるとしよう。

裕介：あっ，わかった。原料を順に並べて原料ベクトルとするのでしょう。

良彦先生：そうそう，その通り。バターケーキの原料ベクトルは

$$\begin{pmatrix}250\\200\\225\end{pmatrix}$$

というわけさ。それに対して，小さいカップケーキは1つつくるのにメリケン粉40 g，サトウ50 g，バター30 g しかいらない。こちらの原料ベクトルは

$$\begin{pmatrix}40\\50\\30\end{pmatrix}$$

となる.

裕介：ベクトルというものが私たちの身近にあるということはよく分かりましたが，いくつかの数の組をベクトルというのなら，わざわざベクトルというものを考えなくても，そのままいくつかの数があるということで扱えばよいのではないですか.

良彦先生：ベクトル不用論か.

真紀子：そうすれば，私たちも線形代数なんか習わなくてもよいし.

裕介：そうすると良彦先生も失業ですね.

良彦先生：いや，まいったね．それじゃさっそく反論というか，といいたい所だが，裕介くんのいうことも一理あってね．確かに，ベクトルという形で一まとめにしなくても独立した複数の量があるということで扱って扱えないことはない．恐らくそういう事情があって，ベクトルやそれをさらに一般化した行列という考え方がはっきり出てくるのは，19世紀になってからになる．それまでは，裕介くんのいうようにいくつかの数があるということでそのまま扱っていた.

真紀子：それじゃ，いよいよ先生も失業ですか．かわいそうに.

良彦先生：ところが，いくつかの数を一つの組にして考えるといろいろと便利なことが分かってきた．どういう所が便利なのかはこれから一年間かけて君たちともいっしょにゆっくり考えていこう.

裕介：なんだ．これじゃ答になってないよ.

良彦先生：テーマを持って自分の力でじっくり考えることが大学生としては必要なんだ．君はなかなかよい問題を提起した．それだけでも大したものだよ.

裕介：そうですか.

真紀子：でもやっぱりごまかされたみたい.

良彦先生：しかたがない．それじゃ，1つたとえ話でまとまったものを1つにして扱うことの重要性を説明してみよう．人間は何かを1つのものとして扱うときはそこに必ず名前をつける．そしてそれは大変重要なことなのだ.

　たとえば，私たちの学園には「おもしろ数学アカデミー」という名

前がついているが，それがなければ大変だよ．

　　　JR○○駅から北へ約2km行った所にある4階建の建物で，約
　　　1800人の人間が勉学に励んでいる所で，…

と長々と説明しなければいけない．そして，それだけ説明しても隣の
星雲高校と間違えられる可能性もある．

　　さて，私の説明はこれくらいにして，君たち自身で，自然や社会の
中にベクトルの例を考えてみてください．そして，それに名前をつけ
てみて下さい．

真紀子：私がこの学園に来るのに必要な運賃をベクトルで表わすのはど
うかしら．

$$\text{阪急　240円}$$

$$\text{高速神戸　140円}$$

$$\text{山陽電車　180円}$$

だから，運賃ベクトルは

$$\begin{pmatrix} 240 \\ 140 \\ 180 \end{pmatrix}$$

となる．

裕介：この学園の食堂のランチの値段をまとめてランチベクトル

$$\begin{pmatrix} 400 \\ 350 \\ 300 \end{pmatrix} \begin{matrix} \text{とんかつ定食} \\ \text{Bランチ} \\ \text{Aランチ} \end{matrix}$$

なんてのはどうかな．

良彦先生：なかなかおもしろい例を上手に作るね．感心するよ．

真紀子：先生．こんなのでよいのでしたら簡単ですよ．ポテトチップスベ
クトル

$$\begin{pmatrix} 100 \\ 120 \\ 555 \end{pmatrix} \begin{matrix} \text{(g)} \\ \text{(円)} \\ \text{(cal)} \end{matrix}$$

なんてどう？

裕介：女の子はすぐ食べ物の話になる．だから太るのじゃない．

真紀子：よけいなお世話よ．次は裕くんの番よ．

裕介：えっ．交互に作るの？　えーっと．こんなのはどう？

$$\begin{pmatrix} 0.367 \\ 52 \\ 142 \end{pmatrix} \begin{matrix} \\ (本) \\ (点) \end{matrix}$$

　　名づけて三冠王ベクトル．これは，阪神が奇跡の優勝を果たした1986年の三冠王バースの打率，ホームラン数，打点をひとまとめにしたものさ．

真紀子：裕ちゃんは，そうとうのトラキチだから古い数字までよく覚えているね．だけど，これをベクトルと呼ぶのはおかしいのじゃない．

裕介：えっどうして．

真紀子：だって，ベクトルには和やスカラー倍が定義されるでしょう．しかし，この例だと，和がうまくいかないんじゃない．例えば，仮に87年のバースの打率，ホームラン数，打点を

$$\begin{pmatrix} 0.300 \\ 45 \\ 120 \end{pmatrix} \begin{matrix} \\ (本) \\ (点) \end{matrix}$$

とすると

$$\begin{pmatrix} 0.367 \\ 52 \\ 142 \end{pmatrix} + \begin{pmatrix} 0.300 \\ 45 \\ 120 \end{pmatrix} = \begin{pmatrix} 0.667 \\ 97 \\ 262 \end{pmatrix}$$

となるでしょう．ホームラン数と打点は意味があるけれど，一番上の打率は何よ．めちゃくちゃじゃない．

裕介：めちゃくちゃなのは，真紀ちゃんの数字だよ．87年のバースの成績はそれじゃないよ．

真紀子：数字はいいの．私の言ったのは例えばということで数字は違うかもしれないけれど，86年と87年の打率を加えると2年間の平均打率にならないでしょう．そこが問題なのよ．

裕介：それもそうだね．

真紀子：数学の世界は，例外を認めるとまとまりがなくなる論理を重視する世界なので，三冠王ベクトルは門前払い．ベクトルという名前を

つけること自体が間違っている！

裕介：厳しいなあ．良彦先生助けて．

良彦先生：三冠王ベクトルは本当にベクトルか？　これはなかなかおもしろい問題じゃないか．ゆっくりと考えてみようよ．輝之君はどう思う？

輝之：ある物事をひとまとまりにして表わす，というのがベクトルのおおまかな定義と考えれば，三冠王ベクトルと言っていいのではないですか．さらに，成分が数であることにこだわらなければ，こんな例もありますよ．

僕の理想とする女性ベクトル

$$\begin{pmatrix} ある程度カワイイ \\ 背は155\sim158\,cm \\ すなおな子 \end{pmatrix}$$

誰かおらんかなー

真紀子：またベクトルでない例を出す．

輝之：文字ベクトルと呼べばよいじゃないか．数学界の古いこだわりを破るべくやってきたスーパースター文字ベクトル！

真紀子：スーパースターだなんてとんでもない．数学の世界を破壊するインベーダーよ．私は許せないわ．

2．ベクトルの和と差，スカラー倍の話

良彦先生：これまで，ベクトルの例を作ったけれど，今回はベクトルのスカラー倍や和と差で表わされる例を考えてみよう．

裕介：次のような話はどうですか．

登山をした．初めの休けいまでに，地図上で東へ4km北へ5km歩いた．その次の休けいまでにそれぞれ3km，8km，さらにその次の休けいまでにそれぞれ5km，7km歩いた．すると

$$\begin{pmatrix} 4 \\ 5 \end{pmatrix} + \begin{pmatrix} 3 \\ 8 \end{pmatrix} + \begin{pmatrix} 5 \\ 7 \end{pmatrix} = \begin{pmatrix} 12 \\ 20 \end{pmatrix}$$

東へ12 km 北へ20 km 歩いたことになる.

良彦先生：なかなかよいじゃないか. 裕介君は登山が好きだから, 登山を
ねたに話を作ったのだね.

輝之：僕は, バスケット部だから試合の話にします.

　バスケット・ボール大会

　バスケット・ボール大会が行われた. 前半 4 － 2 で勝っていたのだ
が, 後半 0 － 6 で逆転負けをした.

$$\binom{4}{2}+\binom{0}{6}=\binom{4}{8}$$

　　　　前半　後半　計

真紀子：私は, この間あった新歓コンパの話を紹介するわ.

　ベクトルで見る新歓コンパ

　7月5日の土曜日に我が硬式野球部の新歓コンパがおこなわれまし
た. 初めに, ビールと日本酒おちょうしをそれぞれ3ダース注文しま
した.

$$3\binom{12}{12}=\binom{36}{36}\begin{matrix}\text{ビール}\\\text{日本酒}\end{matrix}$$

　ところが, 途中で足りなくなったので今度はビールだけ1ダース注
文しました.

$$\binom{36}{36}+\binom{12}{0}=\binom{48}{36}$$

　そして終わってみると, 日本酒が6本もあまっていました. 結局そ
の日に飲みきった数はビール48本, 日本酒30本でした.

$$\binom{48}{36}-\binom{0}{6}=\binom{48}{30}$$

良彦先生：これはよくできている. 傑作だ！

裕介：スカラー倍の例だったら, こんな話はどうですか.

　A君, B君, C君の卒業予定期間

　A君, B君, C君が1回生のうちにとった単位はつぎの通りです.

$$\begin{pmatrix} 30 \\ 38 \\ 40 \end{pmatrix} \begin{matrix} \text{A君} \\ \text{B君} \\ \text{C君} \end{matrix}$$

とすると，（単純計算では）3人が4年間で取る単位数はつぎのように
予想されます．

$$4\begin{pmatrix} 30 \\ 38 \\ 40 \end{pmatrix} = \begin{pmatrix} 120 \\ 152 \\ 160 \end{pmatrix} \begin{matrix} \text{A君} \\ \text{B君} \\ \text{C君} \end{matrix}$$

卒業必要単位数は126ですから，A君は留年すると予想されます．

3．行ベクトルと列ベクトルの内積

良彦先生：つぎに内積の例を考えてみよう．といっても，初めて聞くとい
う人もいろだろうから，初めに少し説明をしておくよ．

太郎がお母さんに頼まれて，次のような買物をしたとしよう．

$$\begin{matrix} \text{ミカンの缶詰} & 3個, \\ \text{桃　の　缶　詰} & 2個, \\ \text{パインの缶詰} & 4個. \end{matrix}$$

太郎の買物は，次のようなベクトルで表現できる．

$$\begin{pmatrix} 3 \\ 2 \\ 4 \end{pmatrix} \begin{matrix} \Leftarrow \text{みかん} & 〔個〕 \\ \Leftarrow \text{　桃　} & 〔個〕 \\ \Leftarrow \text{パイン} & 〔個〕 \end{matrix}$$

それぞれの缶詰の価格が1個につき，みかん200円，桃300円，パイ
ン250円であるとしよう．これらの価格を行ベクトルで表現すると

$$(200 \quad 300 \quad 250) \quad 〔円/個〕$$

となる．これは，みかん・桃・パインという異なった物を価格という
同じ側面でみているベクトルである．

このとき，太郎が払った金額は，

$$200 \times 3 + 300 \times 2 + 250 \times 4 = 2200 \;〔円〕$$

となる．これを次のように書く．

$$(200 \quad 300 \quad 250)\begin{pmatrix} 3 \\ 2 \\ 4 \end{pmatrix} = 2200$$

この考えを一般化して内積の概念が得られる．n 次元の行ベクトル

$$(a \quad b \quad c \quad \cdots \quad p)$$

と n 次元の列ベクトル

$$\begin{pmatrix} a' \\ b' \\ c' \\ \vdots \\ p' \end{pmatrix}$$

から作られる $aa'+bb'+cc'+\cdots+pp'$ のことを行ベクトルと列ベクトルの**内積**という．上の例では缶詰の価格を表すベクトルと太郎の買物を表す列ベクトルから内積を作ると，太郎の払った金額が計算されるわけである．

　さて，説明が長くなってしまったけれども，これから例を考えてみよう．

真紀子：こんな例はどうですか．

　ある公園にあわせて 6 本の木がある（すぎ 3 本，さくら 2 本，いちょう 1 本）．これらの木が光合成によって二酸化炭素を酸素にかえる作用の量を，すぎ 750 cm³/分，さくら 200 cm³/分，いちょう 560 cm³/分とすると，この公園の木によって 1 分間にどれだけの二酸化炭素が酸素になるか．

$$(750 \quad 200 \quad 560)\begin{pmatrix} 3 \\ 2 \\ 1 \end{pmatrix} = 3210 \quad (\text{cm}^3/\text{分})$$

良彦先生：ちゃんとした例になっているよ．輝之君はどうだい．

輝之：なかなか，おもしろい例が見つからなくってね．

裕介：こんな例はどう．

$$(\text{大森} \quad \text{甲斐} \quad \text{田中} \quad \text{松藤})\begin{pmatrix} \text{ギター} \\ \text{ボーカル} \\ \text{ギター} \\ \text{ドラムス} \end{pmatrix} = (\text{甲斐バンド})$$

輝之：これは仲々おもしろいね．

良彦先生：成分を掛ける所の説明がちょっと苦しそうだけどね．和の方は雰囲気がでているね．

裕介：掛けるのはですね，先生．演奏者が楽器を肩から掛けるでしょう．だから，掛け算なのですよ．

良彦先生：なるほど，うまいことを言うね．

真紀子：先生，こんな変なベクトルを認めてはだめですよ．

輝之：今の裕ちゃんの例を聞いて，僕もおもしろい話を思いつきました．

　スターウォーズ「帝国の逆襲」でハン＝ソロがダースベーダーにつかまって殺されるかもしれないという時に，レイア姫が彼に向って言った言葉は…

$$(\mathrm{I\,L\,V\_O})\begin{pmatrix} \overline{\mathrm{O}} \\ \mathrm{E} \\ \mathrm{Y} \\ \mathrm{U.} \end{pmatrix}=(\mathrm{I\_LOVE\_YOU.})$$

という言葉だったんですよ．あのシーンはよかった！

　この（I＿LOVE＿YOU）ベクトルはスカラー倍ができます．なぜならば倍数が高ければ高いほど愛が強いのだとゆーことになるからです．なんちゃって，ははははは．

真紀子：ふざけちゃってひどいわね．でも，そんな例でよいのなら私にだってできるわよ．

$$(\text{シンデレラ　白雪姫　アリとキリギリス　みにくいアヒルの子})\begin{pmatrix} \text{12時の鐘} \\ \text{7人のこびと} \\ \text{冬のそなえ} \\ \text{白鳥} \end{pmatrix}=(\text{グリム童話})$$

輝之：真紀子ちゃんもなかなかいいセンスしてるじゃない．固いことを言わずに文字ベクトルもベクトルの仲間に入れてやろうよ．

4. 行列とベクトルの積が登場する応用問題

良彦先生：君たちは本当におもしろいことを考えるね．それでは，つぎに
行列の例を考えてみよう．今回は，ちょっと趣向を変えて次のような
課題に挑戦してくれたまえ．

答が $\begin{pmatrix} 12 & 0 & 0.5 \\ 8 & 15 & 1.2 \end{pmatrix} \begin{pmatrix} 20 \\ 10 \\ 50 \end{pmatrix}$ となるような応用問題をつくれ．

裕介：今回は，数値が決っているからむつかしいですね．特に，成分に0
がある所が問題ですね．

輝之：僕はひとつ思いついたよ．

　大阪の南の泉州地方にはA，B，C3タイプの家がある．Aは木造，
Bは穴ぐら，Cはたまねぎ小屋．家をたてるには，土地と建築材料が
いる．それぞれの価格は次のようになる．

　　A　土地　　800万円　　材料　1200万円
　　B　土地　1500万円　　材料，穴ぐらだから土地に含まれる
　　C　土地　　120万円　　材料　　50万円

　ある建築会社が89年度にA20戸，B10戸，C50戸の家を建てた．さ
て，この建築会社は，土地代，材料代をそれぞれいくら支払っただろ
うか．

　各タイプの家の材料と土地の費用を行列で表わすと

$$\begin{pmatrix} 12 & 0 & 0.5 \\ 8 & 15 & 1.2 \end{pmatrix} \begin{matrix} \leftarrow 材料費（単位100万円）\\ \leftarrow 土地代（単位100万円） \end{matrix}$$

$$\begin{matrix} \uparrow & \uparrow & \uparrow \\ A & B & C \end{matrix}$$

つぎに各タイプ毎の建設戸数をベクトルで表わすと

$$\begin{pmatrix} 20 \\ 10 \\ 50 \end{pmatrix} \begin{matrix} \leftarrow A \\ \leftarrow B \\ \leftarrow C \end{matrix}$$

となる．そして，この行列とベクトルの積によって，材料費と土地代
が求められる．

$$\begin{pmatrix} 12 & 0 & 0.5 \\ 8 & 15 & 1.2 \end{pmatrix} \begin{pmatrix} 20 \\ 10 \\ 50 \end{pmatrix} = \begin{pmatrix} 265 \\ 370 \end{pmatrix} \begin{matrix} \leftarrow 材料費 \\ \leftarrow 土地代 \end{matrix}$$

良彦先生：なかなかよくできているね.

真紀子：でも，「穴ぐら」なんていう所が苦しいわね.

輝之：そんなことを言う前に，自分でも作ってみせてよ.

真紀子：そうね. こんなのはどう.

　　ある人が小説と画集と漫画を読もうとしている. それぞれの本を読むページ数は次の通りである. 小説20ページ, 画集10ページ, 漫画15ページ. また, それぞれの本1ページあたりの平均字数（単位は100字）と, 1ページ読む（画集は見る）のにかかる時間は次の通りである.

		小　説	画　集	マンガ
字数	百字/ページ	12	0	0.5
時間	分/ページ	8	15	1.2

　　この人が, この3冊の本をそれぞれ指定されたページ数読むと合計何字読むことになり, また合計何分かかるか.

裕介：これはよい. 画集には確かに文字はないからね. この勝負, 真紀子の勝ち.

輝之：くやしい！　ところで, 裕ちゃんも何かつくれよ.

裕介：良彦先生, 数値を変えた例でもよいのですか.

良彦先生：ああ, いいよ.

裕介：それじゃ, 紹介します.

あるサル山におけるボス争奪戦

　　あるサル山においてボスが死んだので次期ボスの争奪戦がおこりました. ボスは自分の Family の territory（活動範囲）の広さによって決ります.

　　次期ボスをねらって健一, 良彦という2匹のサルが名のりをあげました. 下の表はそれぞれの Family とその一匹あたりの territory

Family の数	妻	むすこ	むすめ
良　彦	7 匹	5 匹	3 匹
健　一	2 匹	8 匹	5 匹

1 匹あたりの territory	
妻	5 m²
むすこ	2 m²
むすめ	1 m²

です．さて，次期ボスにはどちらのサルがなるでしょう．

（注）　健一は，ずるがしこくて性格がいやらしかったうえに頭の毛
　　　がうすかったのでメスザルには人気がなかったが，さいわい子
　　　供にはめぐまれていた．

　　　良彦は，やさしくておんこうそうに見えるがいざというとき
　　　にはたよりにできたのでメスザルには人気があったが，子供に
　　　キケイザルが多くすぐ死んでしまったので子供にはめぐまれて
　　　いなかった．

（解答）
$$\begin{pmatrix} 良彦 \\ 健一 \end{pmatrix} = \begin{pmatrix} 7 & 5 & 3 \\ 2 & 8 & 8 \end{pmatrix} \begin{pmatrix} 5 \\ 2 \\ 1 \end{pmatrix} = \begin{pmatrix} 35+10+3 \\ 10+16+8 \end{pmatrix} = \begin{pmatrix} 48 \\ 34 \end{pmatrix}$$

　　よって，次期ボスは良彦ザルと決り，健一ザルはさびしそうにサ
ル山をさりました．

真紀子：何か，良彦先生にごまをすったような内容の話ね．でも，なかな
　かよくできているわ．

第 2 話

行列とは何か？

1．行列とは何か？

良彦先生：今日は行列について勉強します．

真紀子：行列って，買物なんかの時に客が順番を待つために列をつくって並んでいるあの行列のことですか．

良彦先生：いやいや，数学における行列というのは，例えば

$$\begin{pmatrix} 20 & -5 & 0 \\ 10 & 30 & 1 \end{pmatrix}$$

のように，いくつかの数学を長方形の式に並べてかっこでくくったもののことです．英語ではこれを matrix といいます．それに対して，順番を待つ人の列のことは waiting line といいます．間違わないで下さい．

裕介：matrix という単語はどういう意味なのですか．

良彦先生：その中でものが形成される母体といった意味なんだ．数学での行列は，多数の数字を並べて表わす場と考えられるから，本来の意味と共通したものなんだね．

真紀子：多数の数字を並べて表わすものとしてベクトルがあったでしょう．ベクトルだけではだめなのですか．

良彦先生：なかなかよい質問だね．それに答えるために1つの例をあげてみよう．

バターケーキを1個つくるのにメリケン粉250gとサトウ200gそれからバターが225gいる．また，カップケーキを1個つくるのにメリケン粉40gとサトウ50gそしてバター30gがいる．ケーキと原料の関係はこのようになるのだが，これは文章で書くより次のように表にして示した方がずっと分かりやすい．

原料 ＼ ケーキ	バターケーキ	カップケーキ
メリケン粉	250	40
サトウ	200	50
バター	225	30

(単位 g /個)

こういった表から数字だけを抜き出したものが行列で，この場合には

$$\begin{pmatrix} 250 & 40 \\ 200 & 50 \\ 225 & 30 \end{pmatrix}$$

となる．

この1列目にはバターケーキの原料を表わす数値が並んでおり，2列目にはカップケーキの原料を表わす数値が並んでいる．また，1行目は，それぞれのケーキについて，メリケン粉がどれだけ必要かを示す数値が並んでいる．

このように，各行・各列でそれぞれの意味があるものでは，ベクトルで表わすよりも行列で表わす方が便利なのだよ．

真紀子：長い説明だったけど，よく分ったわ．

裕介：京都に行くと，河原町通り四丁目なんていって位置を表わすけれど，これは分かりやすい．それを各交差点に1つ1つ，第一交叉点，第二交叉点などと名前をつけていくととても覚えられないよ．

良彦先生：裕介君はなかなかおもしろい例を出すね．別の言葉で言うと，行列の各列が同じ内容を表わすベクトルから成っていると言うことも

できる．この例だったら，1列目

$$\begin{pmatrix} 250 \\ 200 \\ 225 \end{pmatrix}$$

は，バターケーキの材料ベクトル，2列目

$$\begin{pmatrix} 40 \\ 50 \\ 30 \end{pmatrix}$$

はカップケーキの材料ベクトルから成っている．

真紀子：ということは，行列をつくる場合に，いくつかのベクトルからつくってもよいということね．

良彦先生：そういうことだよ．

真紀子：それじゃ，つぎのような例はどうですか．

奈良の有名寺院における拝観料と所用時間をベクトルで表わすと

	興福寺	東大寺大仏殿	唐招提寺	薬師寺	法隆寺
拝観料（円）→	$\begin{pmatrix} 400 \\ 30 \end{pmatrix}$	$\begin{pmatrix} 200 \\ 30 \end{pmatrix}$	$\begin{pmatrix} 300 \\ 40 \end{pmatrix}$	$\begin{pmatrix} 300 \\ 30 \end{pmatrix}$	$\begin{pmatrix} 500 \\ 60 \end{pmatrix}$
所用時間（分）→					

これを1まとめにして行列で表わすと

$$\begin{pmatrix} 400 & 200 & 300 & 300 & 500 \\ 30 & 30 & 40 & 30 & 60 \end{pmatrix}$$

これを奈良観光行列とよびます．

良彦先生：なかなかおもしろい例だね．ところで，一般的に，たくさんのデータの間に，縦と横の2つの並びで独自の意味を持つ時には，ベクトルで表わすよりも，行列で表わす方がよいことが多い．

裕介：そうすると，縦横上下で独自の意味を持ったデータを表わすために，超行列のようなものを考えることもあるのですか．

良彦先生：行列が考え出された時にすぐ，そういうことも考えられたようだけど，現実に使われているのは，行列だけといってよい状況だ．でも，そういったことも考えられるってことは知っていてよいことだね．

2. 線形写像の表現としての行列

真紀子：今までの話をまとめると，行列というのは縦と横で独自の意味
を持ったデータを表わした表ということになるのでしょうか．

良彦先生：まあ，そういうことになるかな．しかし，行列が本当に役に立
つのは，線形写像（一次写像ともいう）の表現としてなんだ．同じ例
でもう少し説明してみよう．

　真紀ちゃんがアルバイトに行ったケーキ屋さんが，バターケーキと
カップケーキを作るとしよう．１日につくるケーキの数を

$$\begin{cases} バターケーキ & x こ \\ カップケーキ & y こ \end{cases}$$

としよう．そうすると，原料のメリケン粉とサトウ，バターはそれぞ
れどれだけ必要となるか，それらを x, y を使って表わすと，つぎのよ
うになる．

$$\begin{cases} m=250x+40y \\ s=200x+50y \\ b=225x+30y \end{cases}$$

　ここで，m, s, b はそれぞれメリケン粉，サトウ，バターの g 数.
これを行列とベクトルを使って表わすと

$$\begin{pmatrix} m \\ s \\ b \end{pmatrix} = \begin{pmatrix} 250 & 40 \\ 200 & 50 \\ 225 & 30 \end{pmatrix} \begin{pmatrix} x \\ y \end{pmatrix}$$

となる．バターケーキとカップケーキの個数を表わすベクトル

$$\begin{pmatrix} x \\ y \end{pmatrix}$$

をバカベクトルと呼び，原料のメリケン粉，サトウ，バターの分量を
表わすベクトルをメサバベクトルと呼ぶと，上の式は，バカベクトル
を決めるとそれに応じてメサバベクトルが決まるという関係を表わし
ている．

$$メサバベクトル \quad \leftarrow \quad バカベクトル$$

一般にあるものが与えられるとそれに対応して別のものが決まると
き，その対応を関数または写像という．この場合には，バカベクトル
に行列をかけることによってメサバベクトルが決まる．このように，
ベクトルに行列をかけることによって決まる写像を線形写像というの
だよ．行列の使い方で一番重要なのは，この線形写像を表わすもの(表
現ともいう)としてなんだよ．

3. 行列の積の意味

裕介：行列が線形写像を表わすということはよく分かりましたが，そう
いう立場から見ると，行列の積は何を意味するのですか．

良彦先生：一口でいうと，それは写像の積を表わすということになるの
だが，これも例をあげて説明しよう．

真紀子：先程のケーキの例の続きですか．

良彦先生：そうだよ．次の表を見てくれたまえ．

	メリケン粉	サトウ	バター
価 格	0.5 円/g	0.3 円/g	0.8 円/g
発熱量	3.5 kcal/g	4 kcal/g	6 kcal/g

真紀子：原料の値段とカロリーね．だけど，最初の例で原料が出てきた時
とは，書き方が違うのね．前の例では，原料は左端に並べて書いてあ
ったのが，今回は上に並んでいるわ．

良彦先生：なかなかよい所に気がついたね．それが大事なことなんだ．と
ころで，行列が2つ出てきたから，

$$A=\begin{pmatrix} 0.5 & 0.3 & 0.8 \\ 3.5 & 4 & 6 \end{pmatrix}$$

$$B=\begin{pmatrix} 250 & 40 \\ 200 & 50 \\ 225 & 30 \end{pmatrix}$$

と名前をつけておこう．

　ところで，新しく登場してきた行列 A を，線形写像の表現と見ると，どういうベクトルから，どういうベクトルへの写像を表わすか分かるかい．

裕介：A の行列は2行3列で，3次のベクトルを2次のベクトルに写す写像ですね．

良彦先生：その通り．

真紀子：行列を表と見た時，上に並んでいるものを表わすベクトルから左端に並べて書いているものを表わすベクトルに写っているから，行列 A は，メサバベクトルを価格とカロリーを表わすベクトルに写すのでしょう．

良彦先生：そうだね．

裕介：価格とカロリーを表わすベクトルだからカカベクトルと呼んだら．

真紀子：それはよい名前ね．

良彦先生：バカベクトルからメサバベクトルへの写像を表わすのが行列 B，メサバベクトルからカカベクトルへの写像を表わすのが行列 A ということだね．

$$\text{カカ} \xleftarrow{\quad A \quad} \text{メサバ} \xleftarrow{\quad B \quad} \text{バカ}$$

　次に，バカベクトルからカカベクトルに一気に写る写像を表わす行列 C を考えてみよう．

$$\text{カカ} \xleftarrow{\quad\quad C \quad\quad} \text{バカ}$$

真紀子：今度は，上にバカ，左にカカの並んだ表を考えればよいんじゃない．

	バターケーキ	カップケーキ
価　格		
発熱量		

裕介：ということは，バターケーキとカップケーキ1個についての原料の価格とカロリーを計算すればいいんだよ．

真紀子：バターケーキ1個の原料費はそれに使われる原料の価格の総和だから

$$0.5 \text{円/g} \times 250 \text{ g} + 0.3 \text{円/g} \times 200 \text{ g} + 0.8 \text{円/g} \times 225 \text{ g}$$
$$= 125 \text{円} + 60 \text{円} + 180 \text{円}$$
$$= 365 \text{円}$$

となる.

良彦先生：そうだね．そして，これはちょうど，行列 A の1行目と行列 B の1列目を順に掛け合わせて加えたものである．次に，バターケーキのカロリーはどうだろう．

裕介：これも同じように，各原料のカロリーの和だから

$$3.5 \text{ kcal/g} \times 250 \text{ g} + 4 \text{ kcal/g} \times 200 \text{ g} + 6 \text{ kcal/g} \times 225 \text{ g}$$
$$= 875 \text{ kcal} + 800 \text{ kcal} + 1350 \text{ kcal}$$
$$= 3025 \text{ kcal}$$

となる.

真紀子：すごいカロリーね．1日の必要カロリーをはるかに超えているわ．

良彦先生：これは,行列 A の2行目と行列 B の1列目を掛けて加えたものになっている．同じようにして，カップケーキ1個当たりの価格と発熱量もつぎのようにして計算できる．

$$0.5 \text{円/g} \times 40 \text{ g} + 0.3 \text{円/g} \times 50 \text{ g} + 0.8 \text{円/g} \times 30 \text{ g}$$
$$= 20 \text{円} + 15 \text{円} + 24 \text{円}$$
$$= 59 \text{円}$$
$$3.5 \text{ kcal/g} \times 40 \text{ g} + 4 \text{ kcal/g} \times 50 \text{ g} + 6 \text{ kcal/g} \times 30 \text{ g}$$
$$= 140 \text{ kcal} + 200 \text{ kcal} + 180 \text{ kcal}$$
$$= 520 \text{ kcal}$$

従って，行列 C は

$$C = \begin{pmatrix} 365 & 59 \\ 3025 & 520 \end{pmatrix} \quad \begin{matrix} \Leftarrow 価格 \\ \Leftarrow 発熱量 \end{matrix}$$

$$\underset{\text{バターケーキ}}{\Uparrow} \quad \underset{\text{カップケーキ}}{\Uparrow}$$

となる．この行列 C は，計算の過程を見れば分かるように，行列 A と B の積の行列と一致している．

　ということは，行列の積は，線形写像の積を表わすということです．

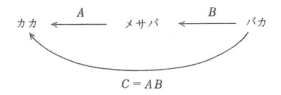

$$C = AB$$

真紀子：行列の積の定義って変にややこしいと思いながら，今までは意味もよく考えずに計算をしてきたけれど，それなりの意味があったのですね．

君も挑戦してみよう

課題1　自然や社会の中にベクトルの例を見つけ，そのベクトルに名前をつけてみよう．

課題2　ベクトルの和とスカラー倍の例を自然や社会の中で見つけてみよう．

課題3　行列のおもしろい例を自然や社会の中で見つけてみよう．

課題4　行列とベクトルの積が登場する応用問題または小話をつくってみよう．

課題5　行列と行列の積を使った応用問題または小話をつくってみよう．

第 **3** 話

行列による世界旅行

1．ナイトの周遊旅行

良彦先生：君たち，「ナイトの周遊旅行」という遊びを知っているかい．

真紀子・裕介：いいえ，知りません．

良彦先生：チェスにナイトという駒があるだろう．

裕介：将棋の桂馬によく似た駒でしょう．

良彦先生：そうだよ．図のように2マス先の隣に一気に跳ぶことができる．8カ所に跳ぶことができるから将棋の桂馬よりもっと強力な駒なんだ．この跳び方を桂馬跳びと呼ぶことにしよう．

真紀子：その桂馬跳びで8×8のチェス盤のすべてのマス目を一回ずつ訪問するルートを考えるのでしょう．

良彦先生：そうなんだ．8×8の正方形だけでなく，もっと一般の長方形で考えてもいいんだよ．8×8はなかなかむつかしいから，5×5の小さい正方形からやってみるといいよ．

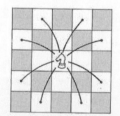

図1　ナイトは横や後ろにも移動できる

真紀子：さっそく挑戦してみよう．

真紀子：結構動き回れるものね．でも，10回で動けなくなってしまったわ．

良彦先生：実は，一辺が5マス以上の正方形だったらいつでも，一周する

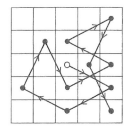

ルートがあるのだよ．後から，ゆっくり考えてごらん．

裕介：別にどんな形の盤でやってみてもいいのでしょう．

良彦先生：そうなんだ．私の友人のBolt さん[*1]なんかはおもしろいデザインを考えて，このパズルを楽しんでいるよ．後で問題（問3）として紹介しておいたので，やってみて下さい．

2．行列による世界旅行

良彦先生：ところで，これは Bolt さんに教えてもらったのだけれど，行列を使ってこれとよく似た遊びができるのだよ．

真紀子：パズルと線形代数を結びつけるっておもしろい発想ですね．

問題 25個の格子点 (x, y)，$0 \leq x$，$y \leq 4$，を考える．$S(1,0)$ から出発して，ある行列Mをつぎつぎとかけることによって，原点以外の24個の点すべてを移動するようにできるだろうか．但し，計算はすべて mod 5 で考えることにする．

```
4   •   •   •   •   •

3   •   •   •   •   •

2   •   •   •   •   •

1   •   •   •   •   •

0   •   •   •   •   •
    S
    0   1   2   3   4
```

良彦先生：「mod 5 で考える」というのは，差が5の倍数になる2つの数を同一視する考え方だよ．例えば，18と3の差は15で5の倍数となるから，18と3は mod 5 で等しいといい，

$$18 \equiv 3 \pmod 5$$

と書くのだよ．それだけのことだけど，mod 5 の世界に慣れるために，次の問題を考えて下さい．

（＊1）Brian Bolt，イギリスのエクセター大学の教授で，数学教育のための楽しいトピックを考案している．

問題　次の□の中に0, 1, 2, 3, 4のうちいずれかの数を入れよ.

① 　2＋4≡□ (mod 5)

② 　1－3≡□ (mod 5)

③ 　3×4≡□ (mod 5)

④ 　3÷2≡□ (mod 5)

真紀子：①は, 2＋4＝6≡1 だから 1 が答. 簡単簡単.

裕介：②は, 1－3＝－2. －2 と mod 5 で等しいのは 3 だから答は 3. でも, 1－3≡3 なんて変な感じだね.

真紀子：③も簡単ね. でも④なんてどうするの？

$$3÷2＝1.5≡3.5$$

だから, 答は3.5かしら.

良彦先生：mod 5 というのは整数の世界の話だから小数が出てくるのはまずいのだよ. これはちょっとむつかしいと思うから, ヒントを出すよ. 3÷2 は $3×\left(\dfrac{1}{2}\right)$ と同じだろう. ところで, $\dfrac{1}{2}$ というのは 2 の逆数になるだろう. mod 5 の世界で, 2 の逆数って何になる.

裕介：逆数というのは, 掛けて 1 になる数のことだから, 2×3＝6≡1 となる. 3 が 2 の逆数ではないですか.

良彦先生：2 の逆数が 3 なんて, おもしろいだろう.

真紀子：何か変な気持になってきたわ.

裕介：それで④の問に戻ると

$$3÷2＝3×\dfrac{1}{2}＝3×3＝9≡4$$

と計算して, 答は 4 となる.

良彦先生：そうなんだ. これで mod 5 については分ったようだから,「行列による世界一周」の話に戻ってみよう. 問題の意味を理解するためにも, 何か具体的な行列Mをとって考えてみたらどうだろう.

真紀子：じゃ, Mとして $\begin{pmatrix} 2 & 3 \\ 4 & 1 \end{pmatrix}$ をとってみよう.

$$\begin{pmatrix} 2 & 3 \\ 4 & 1 \end{pmatrix}\begin{pmatrix} 1 \\ 0 \end{pmatrix}=\begin{pmatrix} 2 \\ 4 \end{pmatrix}$$

だから点 $(1,0)$ は $(2,4)$ に移動する．つぎに

$$\begin{pmatrix} 2 & 3 \\ 4 & 1 \end{pmatrix}\begin{pmatrix} 2 \\ 4 \end{pmatrix}=\begin{pmatrix} 16 \\ 12 \end{pmatrix}$$

となるから，$(16,12)$ に移動する．あれ，5×5 の格子の外に跳び出したよ．

裕介：だから $\bmod 5$ で考えるのだよ．$16\equiv1\,(\bmod 5)$, $12\equiv2\,(\bmod 5)$ だから，移動先は $(1,2)$ となる．

真紀子：なるほど．以下同様に計算すると

$$\begin{pmatrix} 1 \\ 2 \end{pmatrix}\longrightarrow\begin{pmatrix} 8 \\ 6 \end{pmatrix}\equiv\begin{pmatrix} 3 \\ 1 \end{pmatrix}\longrightarrow\begin{pmatrix} 9 \\ 13 \end{pmatrix}\equiv\begin{pmatrix} 4 \\ 3 \end{pmatrix}\longrightarrow\begin{pmatrix} 17 \\ 19 \end{pmatrix}\equiv\begin{pmatrix} 2 \\ 4 \end{pmatrix}$$

となる．

裕介：あれ，同じ所に戻ってきたよ．図に描くとよく分かるけれど，4点をぐるぐる回っているよ．

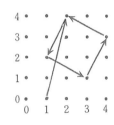

良彦先生：同じ所を循環するルートをループと呼ぶと，この例では，$(1,0)$ から出てすぐ4点からなるループに入ったわけだね．

真紀子：世界一周の旅に出たけれど，ある地域が気に入ってそこばかり回っている旅行者のようなものね．

裕介：別の例に当ってみようよ．$\begin{pmatrix} 0 & 1 \\ 1 & 1 \end{pmatrix}$ なんかどうだろう．

$$\begin{pmatrix} 1 \\ 0 \end{pmatrix} \to \begin{pmatrix} 0 \\ 1 \end{pmatrix} \to \begin{pmatrix} 1 \\ 1 \end{pmatrix} \to \begin{pmatrix} 1 \\ 2 \end{pmatrix} \to \begin{pmatrix} 2 \\ 3 \end{pmatrix} \to \begin{pmatrix} 3 \\ 0 \end{pmatrix} \to \begin{pmatrix} 0 \\ 3 \end{pmatrix} \to \begin{pmatrix} 3 \\ 3 \end{pmatrix} \to \begin{pmatrix} 3 \\ 1 \end{pmatrix}$$

$$\rightarrow \begin{pmatrix}1\\4\end{pmatrix} \rightarrow \begin{pmatrix}4\\0\end{pmatrix} \rightarrow \begin{pmatrix}0\\4\end{pmatrix} \rightarrow \begin{pmatrix}4\\4\end{pmatrix} \rightarrow \begin{pmatrix}4\\3\end{pmatrix} \rightarrow \begin{pmatrix}3\\2\end{pmatrix} \rightarrow \begin{pmatrix}2\\0\end{pmatrix} \rightarrow \begin{pmatrix}0\\2\end{pmatrix}$$

$$\rightarrow \begin{pmatrix}2\\2\end{pmatrix} \rightarrow \begin{pmatrix}2\\4\end{pmatrix} \rightarrow \begin{pmatrix}4\\1\end{pmatrix} \rightarrow \begin{pmatrix}1\\0\end{pmatrix}$$

真紀子：うまくいったのじゃない．

裕介：いや，20回で元の $(0,1)$ に戻ってきたよ．

良彦先生：長さ20のループを回ってきたわけだね．たくさんの例にあたってみるといろいろなタイプのルートが見つかっておもしろいよ．

　大きく分けると，何回かMをかけると出発点Sに戻ってくる場合とそうでない場合に分かれるだろう．それらを図で表わすと次のようになるよ．

① 　Sを含むループになる．

・長さ24のループ＝世界一周

② 　何回か移動してループに入る．

裕介：いろいろのループがあるのですね．

良彦先生：この問題では，実は80もの行列が世界一周を実現するのだよ．

　ところで，mod5とは違う他の mod ではどうなるのだろう．そのあたりも考えてみると仲々おもしろいよ．

君も挑戦してみよう

問1 $\begin{pmatrix} 0 & 1 \\ 2 & 3 \end{pmatrix}$ は長さ24のループをつくることを確かめよ. また，これと逆

回りのループをつくる行列を見つけよ.

問2 他の mod でも同じ問題を考えてみよ.

① mod 2

② mod 3

③ mod 4

④ mod 6

問3 つぎの図ですべてのます目を1回ずつ通る桂馬跳びのルートを見

つけよ.（Brian Bolt）

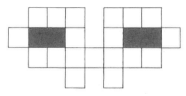

サングラス

第 4 話

将来はどうなる？

1. 将来はどうなる？

良彦先生：今日は，行列の応用問題としてつぎのような問題を考えてみます．

将来はどうなる？

　南洋に人口100万の小さな島があります．そこには都市と農村があります．この小さい島にも都市化の波が押し寄せ，農村から都市に移り住む者が若者を中心に，毎年農村人口の12％にのぼります．しかし，Uターン現象もあり，人口の8％が毎年農村に移ります．

　ここは南の楽園で気候もよいので人間は死にません．そのかわり，島の人口が大きくなりすぎることを恐れて人々は子供をつくりません．

　遠い将来人口はどのように分布するでしょうか？　(イ)から(ニ)のうちあなたはどれが正しいと思いますか．

(イ)　最初の人口分布によって将来の分布も違ってくる．

(ロ)　最初の人口分布にかかわらず一定の比に落ちついていく．

(ハ)　すべての人口が都市に集中していく．

(ニ)　すべての人口が農村に集中していく．

㈥　ある時期は都市に次は農村にと周期的な増減を繰り返す.

真紀子：都市から農村へ移り住む者は毎年12%で，逆に農村から都市へ
　移る人のパーセントより大きいから，㈥のように，すべての人口が都
　市に集中していくのじゃない.

裕介：それはおかしいよ.12%というのは,前年度の農村人口の12%なの
　だから，その農村人口が少なければ都市から農村へ移る人の方が多く
　なることだってあるよ．例えば，都市80万，農村20万とすれば，次の
　図のようになる.

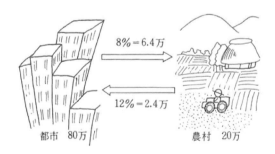

真紀子：なるほど，それじゃ，答は㈥の周期的な増減を繰り返す，じゃな
　いかな.

輝之：僕は，(イ)の一定の比に近づいていく，が正しいような気がするん

だ.

真紀子：そんなに単純な答でいいのかな.

裕介：そうだね.

輝之：あっ，おもしろいことを発見したよ．今もし，都市人口が60万，農村人口が40万とすると，つぎのようになり人口の流入と流出が共に4.8万で一致するから，人口分布はそのまま安定してしまう．従って，答は，都市と農村の人口がそれぞれ60万，40万の定定点に向かって近づいていく，というのが答だよ.

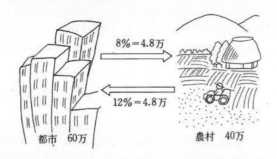

裕介：それは重大な発見だね．しかし，バネに重りをつけて振動させた時のことを考えてみると，安定点が見つかったからといって，それに近づくとは断定できないよ．それに，近づくとしても振動しながら近づく場合と，そうでない場合もあるね.

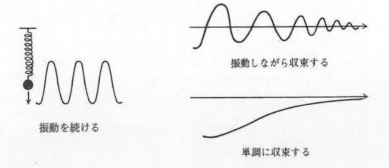

2．行列で表わすと

真紀子：良彦先生，答は何なのですか．

良彦先生：行列を使って，それを考えて行くのが今日のテーマなんだよ．

真紀子：へえ．こんな問題にも行列が使えるのですか．

良彦先生：そうだよ．

真紀子：どのように使うのですか．

良彦先生：ポイントは，都市人口と農村人口をまとめて，ベクトルとして
扱うことにあるのだよ．名前は人口分布ベクトルとでもしておこうか．
n 年後の人口を都市 x_n 万人，農村 y_n 万人として，

$$\begin{pmatrix} x_n \\ y_n \end{pmatrix}$$

を n 年後の人口分布ベクトルと呼ぼう．そうすると，毎年の人口移動
は

$$\begin{cases} x_{n+1}=0.92x_n+0.12y_n \\ y_{n+1}=0.08x_n+0.88y_n \end{cases}$$

で表わすことができる．

裕介：そこで，行列が登場するわけですね．

良彦先生：そうなんだ．この毎年の移動を表わす式は行列を使って

$$\begin{pmatrix} x_{n+1} \\ y_{n+1} \end{pmatrix}=A\begin{pmatrix} x_n \\ y_n \end{pmatrix}, \quad A=\begin{pmatrix} 0.92 & 0.12 \\ 0.08 & 0.88 \end{pmatrix}$$

と表わされる．

真紀子：この行列 A 自身にはどんな意味があるの？

良彦先生：なかなかよい質問だね．意味を考える時には表として見てや
ればよいのだよ．この A の場合には毎年の人口移動を表わす表と見れ
る．

へ ＼ から	都　市	農　村
都　市	0.92	0.12
農　村	0.08	0.88

表1　毎年の人口移動

　ところで，最初の都市と農村の人口をそれぞれ x_0 万人, y_0 万人とすると

$$\begin{pmatrix} x_n \\ y_n \end{pmatrix} = A^n \begin{pmatrix} x_0 \\ y_0 \end{pmatrix}$$

となる.

裕介：そうすると，A^n を計算しなければなりませんね.

良彦先生：そうなんだ．まず手始めに A^2 を計算してみてください.

輝之：こういうめんどうな計算こそ，コンピューターでやるべきではないのでしょうか？

良彦先生：そういう気持ちも分かるけれど，手で計算するにはまたそれなりの利点もあるのだよ.

輝之：それじゃ，がんばってやってみます.

$$\begin{pmatrix} 0.92 & 0.12 \\ 0.08 & 0.88 \end{pmatrix}\begin{pmatrix} 0.92 & 0.12 \\ 0.08 & 0.88 \end{pmatrix}$$
$$=\begin{pmatrix} 0.92\times0.92+0.12\times0.08 & 0.92\times0.12+0.12\times0.88 \\ 0.08\times0.92+0.88\times0.08 & 0.08\times0.12+0.88\times0.88 \end{pmatrix}$$
$$=\begin{pmatrix} 0.856 & 0.216 \\ 0.144 & 0.784 \end{pmatrix}$$

はい，できました.

$$A^2 = \begin{pmatrix} 0.856 & 0.216 \\ 0.144 & 0.784 \end{pmatrix}$$

となります.

良彦先生：そうだね．ところで，この A^2 を表として見ると，どうなるのだろう.

輝之：えっ，これを表として見るのですか．いちいちそんなことを考える習慣は僕にはありません.

良彦先生：自分がしていることを反省してみることはコンピューターにはできないのだよ．コンピューターが便利だからと言って，人間までコンピューターのようになったらつまらないよ.

真紀子：A^2 だから，2年間におこる人口移動を表わしているのじゃないかしら.

裕介：どうもそうみたいだね．例えば，(1, 1) 成分は

$$0.92 \times 0.92 + 0.12 \times 0.08 = 0.8464 + 0.0096 = 0.856$$

と計算されるけれど，それぞれの意味を考えると

　0.92×0.92 …… 2年間都市にとどまった人の比率

　0.12×0.08 …… 一度農村に移り，又都市に戻ってきた人の比率

となる．だから，A^2 は真紀ちゃんの言うように，2年間におこる人口移動の割合を地域別に表わしているのだ．

へ ＼ から	都 市	農 村
都　市	0.856	0.216
農　村	0.144	0.784

表2　2年間の人口移動

良彦先生：そういうことなんだ．ところで，A と A^2 の2つの行列の成分をよく見ると共通点があるのだけれど，気がついたかい．

裕介：そう言われて見ると，どちらの行列でも各列の成分の和は1になっていますね．

良彦先生：そうそう．正解だよ．表に戻って意味を考えれば明らかなことだけどね．この性質は一般に A^n について成り立つのだよ．

3. 解 答 編

輝之：ところで，A^n の行列をつぎつぎと手で計算するのですか．

良彦先生：今までは，手で計算してもらっていたのですが，今日はパソコンで計算した A^n のデータを持ってきたよ．

n	A^n
1	$\begin{pmatrix} 0.92 & 0.12 \\ 0.08 & 0.88 \end{pmatrix}$
2	$\begin{pmatrix} 0.856 & 0.216 \\ 0.144 & 0.784 \end{pmatrix}$

$$3 \quad \begin{pmatrix} 0.8048 & 0.2928 \\ 0.1952 & 0.7072 \end{pmatrix}$$

$$4 \quad \begin{pmatrix} 0.76384 & 0.35424 \\ 0.23616 & 0.64576 \end{pmatrix}$$

$$5 \quad \begin{pmatrix} 0.731072 & 0.403392 \\ 0.268928 & 0.596608 \end{pmatrix}$$

$$10 \quad \begin{pmatrix} 0.642949 & 0.535575 \\ 0.357051 & 0.464425 \end{pmatrix}$$

$$20 \quad \begin{pmatrix} 0.604611 & 0.593082 \\ 0.395388 & 0.406917 \end{pmatrix}$$

$$40 \quad \begin{pmatrix} 0.600052 & 0.59992 \\ 0.399946 & 0.40008 \end{pmatrix}$$

裕介：これを見ると，A^n は

$$\begin{pmatrix} 0.6 & 0.6 \\ 0.4 & 0.4 \end{pmatrix}$$

に近づいていますね．

良彦先生：そうなんだよ．ということは，人口ベクトル

$$\begin{pmatrix} 0.6 & 0.6 \\ 0.4 & 0.4 \end{pmatrix} \begin{pmatrix} x_0 \\ y_0 \end{pmatrix} = \begin{pmatrix} 0.6x_0 + 0.6y_0 \\ 0.4x_0 + 0.4y_0 \end{pmatrix}$$

$$= \begin{pmatrix} 0.6(x_0 + y_0) \\ 0.4(x_0 + y_0) \end{pmatrix}$$

に近づいていく．ここで，x_0 と y_0 は初年度の都市と農村の人口だから，$x_0 + y_0 = 100$ となる．だから

$$\begin{pmatrix} x_n \\ y_n \end{pmatrix} \longrightarrow \begin{pmatrix} 60 \\ 40 \end{pmatrix} \quad (n \to +\infty)$$

となり，将来の人口は，都市60万，農村40万に近づいていくと考えられる．

輝之：僕の予想通りだったね．ところで，近づき方はどうなるのだろう．振動しながら近づくのだろうか，それとも，単調に近づいていくのだろうか．

裕介：良彦先生のデータを見ると，単調に近づいていく，という感じだけれど，もう一つはっきりしないね．

良彦先生：この問題をはっきりさせるためには，固有値と固有ベクトルの知識を利用するとよいのだよ．

輝之：固有値と固有ベクトルって何ですか？

良彦先生：初めに，輝之君がおもしろい発見をしたっていっただろう．

輝之：都市人口が60万，農村人口が40万とすると，人口分布に変化がなくなるって言ったことですか．

良彦先生：そうだよ．それを，行列とベクトルで表わすと

$$A\begin{pmatrix}60\\40\end{pmatrix}=\begin{pmatrix}60\\40\end{pmatrix}$$

となるだろう．ここに出てくるベクトル

$$\begin{pmatrix}60\\40\end{pmatrix}$$

は A の固有ベクトルなのだ．一般に，正方行列 B があり，

$$B\boldsymbol{x}=\lambda\boldsymbol{x}, \quad \lambda はスカラー$$

を満たすベクトル $\boldsymbol{x}$ とスカラー λ があった時に，λ を B の固有値，$\boldsymbol{x}$ を B の固有ベクトルというのだよ．輝之君の見つけた固有ベクトルは，固有ベクトルの中でも特別のもので，固有値 1 に対応する固有ベクトルなのだよ．

裕介：ところで，A の固有ベクトルは輝之君の見つけた

$$\begin{pmatrix}60\\40\end{pmatrix}$$

だけですか．

良彦先生：いや実はもう一つあるのだよ．

$$\begin{pmatrix}1\\-1\end{pmatrix}$$

がもう 1 つの固有ベクトルなのだ．その固有値を計算すると

$$\begin{pmatrix}0.92 & 0.12\\0.08 & 0.88\end{pmatrix}\begin{pmatrix}1\\-1\end{pmatrix}=\begin{pmatrix}0.92-0.12\\0.08-0.88\end{pmatrix}=\begin{pmatrix}0.8\\-0.8\end{pmatrix}=0.8\begin{pmatrix}1\\-1\end{pmatrix}$$

となり，0.8 となるのだよ．

裕介：A の固有値は 2 つですか．

A の固有値と固有ベクトル

$\lambda = 1$	$x = \begin{pmatrix} 60 \\ 40 \end{pmatrix}$
$\lambda = 0.8$	$x = \begin{pmatrix} 1 \\ -1 \end{pmatrix}$

良彦先生：そうなんだ. A は2次の正方行列だから，固有値も2つなのだよ.

　ところで，初年度の人口ベクトルは

$$\begin{pmatrix} x_0 \\ y_0 \end{pmatrix} = \begin{pmatrix} 60 \\ 40 \end{pmatrix} + \begin{pmatrix} x_0 - 60 \\ y_0 - 40 \end{pmatrix}$$

となる. ところが, $x_0 + y_0 = 100$ だから

$$y_0 - 40 = (100 - x_0) - 40 = 60 - x_0$$

となり，

$$\begin{pmatrix} x_0 \\ y_0 \end{pmatrix} = \begin{pmatrix} 60 \\ 40 \end{pmatrix} + (x_0 - 60) \begin{pmatrix} 1 \\ -1 \end{pmatrix}$$

となる. 従って，両辺に A を n 回作用させると

$$A^n \begin{pmatrix} x_0 \\ y_0 \end{pmatrix} = \begin{pmatrix} 60 \\ 40 \end{pmatrix} + 0.8^n (x_0 - 60) \begin{pmatrix} 1 \\ -1 \end{pmatrix}$$

となる. 0.8^n は n が大きくなると，0に収束するから第2項は n が大きくなるにつれて0に収束していく.

裕介：それじゃ，ずいぶん単調に収束していくのですね.

良彦先生：そうなんだ. その様子を見るために，パソコンに XY プロッタを接続して図を描かしてみたよ. 横軸に都市人口を，縦軸に農村人口を取っているのだけれど，初期条件にかかわらず，年がたつにつれて，都市60万，農村40万に収束していっている様子がよく分かるだろう.

真紀子：そうですね. 20年もたつと，ほとんど安定になりますね.

裕介：初めは複雑な感じがしたけれど，こうして見ると，ずいぶん単純な変化なのですね. x 軸, y 軸の代りに，$y = \dfrac{2}{3}x$ と $y = -x$ を軸にした

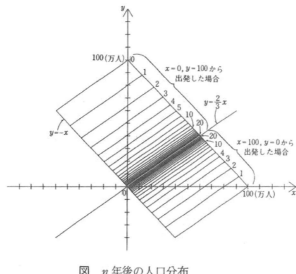

図　n 年後の人口分布

座標を考えると，本質的には

$$\begin{pmatrix} 1 & 0 \\ 0 & 0.8 \end{pmatrix}$$

で表わされる変換と同じですね．

良彦先生：そういうことなんだ．座標というと今までは軸が互いに直交している直交座標しか扱ってこなかったけれども，斜交座標と呼ばれるこういう座標の方が変化の本質を表わすのに適する場合もあるのだよ．

君も挑戦してみよう

本文の人口移動モデルでは人口の増加を想定していません．しかし，それではあまりにも不自然なので，「農村においてだけ毎年，前年の農村人口の2％の赤ん坊が生まれる」とします．このような条件のもとで，将来の都市と農村の人口がどのようになるか考えてみましょう．このモデルを扱うには，行列 A の $(2, 2)$ 成分を 0.88 から 0.90 に変えればよいわ

けです．都市80万人，農村20万人を初期値とした時の将来20年間のデータをパソコンを使って出してみました．このデータをパソコンを使って出してみました．このデータからどのようなことが分かりますか．解析して下さい．

20年間の都市と農村の人口変化

N	トシ	ノウソン
0	80	20
1	76	24.4
2	72.848	28.04
3	70.385	31.0638
4	68.4818	33.5883
5	67.0339	35.708
6	65.9561	37.4999
7	65.1796	39.0264
8	64.6484	40.3381
9	64.3171	41.4762
10	64.1489	42.4739
11	64.1139	43.3584
12	64.1878	44.1517
13	64.3509	44.8716
14	64.5875	45.5325
15	64.8844	46.1462
16	65.2312	46.7224
17	65.6193	47.2686
18	66.042	47.7913
19	66.4936	48.2955
20	66.9696	48.7855

左のデータを出したプログラム

```
100 REM *** Jinkou 1993.2.22
110 A=.92:B=.12
120 C=.08:D=.9
130 X=80
140 Y=100-X
150 PRINT " N   トシ    ノウソン"
160 FOR N=0 TO 20
170   PRINT N;X;Y
180   XX=A*X+B*Y
190   YY=C*X+D*Y
200   X=XX:Y=YY
210 NEXT N
220 END
```

上の課題の略解

行列 $\begin{pmatrix} 0.92 & 0.12 \\ 0.08 & 0.9 \end{pmatrix}$ の固有値を求めるために $\det\begin{pmatrix} \lambda-0.92 & -0.12 \\ -0.08 & \lambda-0.9 \end{pmatrix}=0$ を解く．

$$左辺 = (\lambda-0.92)(\lambda-0.9)-0.0096$$
$$= \lambda^2-1.82\lambda+0.8184$$

よって

$$\lambda = 0.91\pm\sqrt{0.91^2-0.8184}$$
$$= 0.91\pm\sqrt{0.0097}$$

$\sqrt{0.097}=0.09848\cdots$ より，小数第3位まで求めると $\lambda=1.084, 0.812$ となる．

さらに小固有値 1.084 対応する固有ベクトルを求めると $\begin{pmatrix} 1.36 \\ 1 \end{pmatrix}$ となる．

これから，将来の都市と農村の人口は，1.36 対 1 の比に近づき，その増加率は都市農村ともに年率 0.8% に近づいていく．

第 5 話

カサはなぜ開く

1．カサを開かせる行列

良彦先生：今日は，グラフ用紙の上に絵を描いてもらうよ．

真紀子：絵を描くなんて，子どものころに戻るみたいで嬉しいな．

良彦先生：私が，黒板にベクトルを書いていくから，xy座標のうえに対応する点を取っていってください．

裕介：どのように対応させるのですか．

良彦先生：ベクトル $\begin{pmatrix} a \\ b \end{pmatrix}$ に対して点 (a, b) を対応させるのだよ．それから，ベクトルとベクトルを線で結んだ所は，図でも同じように線で結んでください．そうすると，絵になるから．

$$\begin{pmatrix} 8 \\ 8 \end{pmatrix} - \begin{pmatrix} 9 \\ 9 \end{pmatrix}$$

$$\begin{pmatrix} -2 \\ 2 \end{pmatrix} - \begin{pmatrix} -1 \\ 2 \end{pmatrix} - \begin{pmatrix} -1 \\ 1 \end{pmatrix} - \begin{pmatrix} 0 \\ 1 \end{pmatrix} - \begin{pmatrix} 0 \\ 0 \end{pmatrix} - \begin{pmatrix} 1 \\ 0 \end{pmatrix} - \begin{pmatrix} 1 \\ -1 \end{pmatrix} - \begin{pmatrix} 2 \\ -1 \end{pmatrix} - \begin{pmatrix} 2 \\ -2 \end{pmatrix}$$

$$\begin{pmatrix} -1 \\ -1 \end{pmatrix}$$

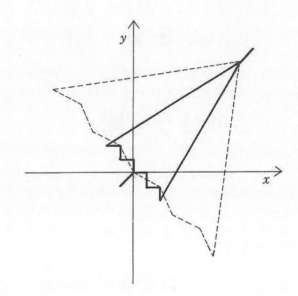

裕介：カサになりますね．（実線の図）

良彦先生：そうなんだ．それではつぎに，この絵を行列 $\begin{pmatrix} 2 & -1 \\ -1 & 2 \end{pmatrix}$ でうつ

　　してください．

真紀子：点がたくさんあるから，なかなか大変ね．

裕介：でも，2人で分担すれば，たいしたことないよ．

真紀子：あっ，おもしろい．カサが開いた．（点線の図）

良彦先生：そうなんだ．

裕介：先生，おもしろい絵を考えましたね．

良彦先生：いや．実は，これを考えたのは大阪の高校生なんだ．おもしろ

　　いアイデアなので紹介させてもらったのだ．ところで，カサは何倍に

　　開いている？

真紀子：2倍くらいかな．

裕介：いや．それ以上に開いているよ．3倍じゃない．

真紀子：本当かな．

2．移動図を見るとすぐ分かる

良彦先生：この問題をはっきりさせるために，この行列の移動図を描い
　　てみよう．

裕介：行列の移動図ってなんですか．

良彦先生：行列 A の移動図というのは，x が Ax にうつることを，x を
　　始点にして Ax を終点にする矢印で表した図のことで，全体の様子が
　　分かるようにたくさんの矢印をかいておくのだよ．

真紀子：でも，めんどくさそうですね．

良彦先生：たしかに，計算をしながら，手でたくさんの矢印を描くのは大
　　変だね．それで昨日，移動図をパソコンで描くためのプログラムを作
　　ったんだ．

真紀子：へえ，大変だったでしょう．

良彦先生：それほどでもなかったよ．x から Ax への矢印を描くという
　　同じ作業を繰り返せばいいのだから，このような図を描くことは，パ
　　ソコンのもっとも得意とするところなんだ．それに，一度作っておけ
　　ば，どのような行列の移動図も描かせることができるから，プログラ
　　ムのつくりがいもあるしね．

真紀子：それで，$\begin{pmatrix} 2 & -1 \\ -1 & 2 \end{pmatrix}$ の移動図はどのようなものになったのです
　　か．

良彦先生：これが，そうなんだ．

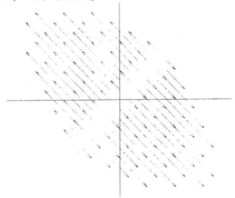

裕介：なんか，単純な図ですね．ところで，直線 $y=x$ 上に並んでいる点は何ですか．

良彦先生：これは，始点と終点が一致している所だよ．動いていないので点だけなんだ．このような点を不動点というのだが，直線 $y=x$ 上の点はすべて不動点になっているのだよ．実際に，計算してみても

$$\begin{pmatrix} 2 & -1 \\ -1 & 2 \end{pmatrix}\begin{pmatrix} a \\ a \end{pmatrix}=\begin{pmatrix} a \\ a \end{pmatrix}$$

となるだろう．

真紀子：そこに，カサの軸をおいたわけね．

良彦先生：そうなんだ．他にこの図からどんなことが分かる？

裕介：直線 $y=x$ 上にない点は，直線 $y=x$ から垂直な方向に離れていくことが分かります．

良彦先生：そうだね．ところで，その離れ方が先程問題になったのだね．2倍か，3倍か．

裕介：原点を通って，直線 $y=x$ と直交する直線 $y=-x$ 上で考えると簡単そうだよ．直線 $y=-x$ 上の点は $(a,-a)$ で表されるから，これに行列をかけて行き先を計算してみよう．

$$\begin{pmatrix} 2 & -1 \\ -1 & 2 \end{pmatrix}\begin{pmatrix} a \\ -a \end{pmatrix}=\begin{pmatrix} 3a \\ -3a \end{pmatrix}=3\begin{pmatrix} a \\ -a \end{pmatrix}$$

これをみれば，3倍に開いていることが分かるね．

真紀子：でも，3倍になるのは，直線 $y=-x$ 上の点だけかもしれないじゃない．

良彦先生：確かに，その心配はあるね．直線 $y=x$ と直線 $y=-x$ 上の点の動きは分かったのだから，それを使って，一般の点の動きを考えてみよう．

　一般に，ベクトル x は，直線 $y=x$ 上のベクトル v_1 と直線 $y=-x$ 上のベクトル v_2 の和として

$$x=v_1+v_2$$

と表される．ところが，$Av_1=v_2, Av_2=3v_2$ となるのだから

$$Ax = v_1 + 3v_2$$

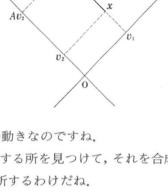

となる．これを，図で見ると右のよ
うになり，直線 $y=x$ からの距離が
3倍になっていることが分かる．

真紀子：なるほど．3倍が正解ね．納得
　したわ．

裕介：この行列による変換で大切なの
　は，x 軸 y 軸上の点の動きではな
　く，直線 $y=x$ と直線 $y=-x$ 上の点の動きなのですね．

良彦先生：そうなんだ．最も単純な動きをする所を見つけて，それを合成
　することによって，一般的な動きを分析するわけだね．

裕介：先生がいつも言っている「分析と総合の方法」が，カサの絵のから
　くりを理解するうえでも有効だったわけですね．

良彦先生：そうなんだ．このような分析法をもっと一般化したのが，固有
　値と固有ベクトルの考えなんだ．

3．固有値と固有ベクトル

真紀子：「固有値，固有ベクトル」って前に一度聞いたように思うけれど
　忘れてしまいました．もう一度説明して下さい．

良彦先生：固有値と固有ベクトというのは一組の概
　念なんだ．ある行列 A について，ベクトル x の移
　った先 Ax が元のベクトル x のスカラー倍 λx と
　なっている時，すなわち

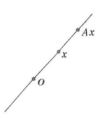

$$Ax = \lambda x$$

となる時，λ を固有値，x を固有値 λ に対応する
固有ベクトルというのだよ．

　図でいうと，原点 O と x を通る直線の上にちょうど Ax がきていると
いうことだよ．

裕介：それじゃ，零ベクトルはいつも固有ベクトルになるのですか．

良彦先生：たしかに，零ベクトルは，任意の λ に対して $Ax = \lambda x$ の式を

満たす．それで，零ベクトルを固有ベクトルとするとすべての実数が固有値になってしまい，固有値で行列を特徴づけるという主旨に反することになる．だから，零ベクトルは固有ベクトルとはしないんだ．

裕介：分かりました．ところで，先程のカサの例では，固有値は1と3で，対応する固有ベクトルはそれぞれ $\begin{pmatrix} a \\ a \end{pmatrix}$ と $\begin{pmatrix} a \\ -a \end{pmatrix}$ になるわけですね．

良彦先生：そうだね．

真紀子：もっといろんな固有値をもつ行列の移動図を見たいわ．

良彦先生：もっともだね．それじゃ，私のプログラムを使ってパソコンに描かした他の移動図を紹介しよう．

真紀子：①は，固有ベクトルがどこにあるかよく分かる図ですね．それに比べて②はごちゃごちゃしていて，どこに固有値があるのか分かりにくいですね．

良彦先生：それは，②の固有値の1つが負の数になっているからだよ．でも，よく見るとわかるだろう．

真紀子：③は，ぱっと明るい感じですね．固有ベクトルがどこにあるのかもよく分かる．

裕介：④のうずまきのような図には，固有ベクトルがないのですか．

良彦先生：これは，実数の範囲では固有値が存在しない例なんだ．しかし，複素数の成分を持つベクトルを考えてよいことにすれば，複素数の固有値を2つ持つのだよ．

裕介：2次方程式の解がグラフで見えるのは実数解の場合だけなのと同じようなことですか．

良彦先生：そうなんだ．同じような現象が違ったところで見られるのも数学のおもしろいところだね．

いろいろな行列の移動図

① $\begin{pmatrix} 1 & \frac{1}{2} \\ \frac{1}{2} & 1 \end{pmatrix}$ の移動図

② $\begin{pmatrix} 1 & 1 \\ 2 & 0 \end{pmatrix}$ の移動図

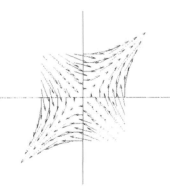

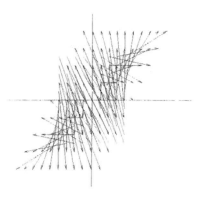

③ $\begin{pmatrix} 2 & 0 \\ 0 & 3 \end{pmatrix}$ の移動図

④ $\begin{pmatrix} 1 & -0.8 \\ 0.8 & 1 \end{pmatrix}$ の移動図

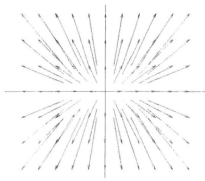

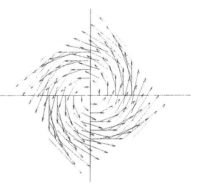

君も挑戦してみよう

問題1　行列 A によって，ベクトル x と y は，それぞれ図のようにうつる．ベクトル $x+y$ と Ax のうつり先はどこか．図示せよ．

問題2　行列 $\begin{pmatrix} a & c \\ b & d \end{pmatrix}$ の固有値は，2次方程式

$(t-a)(t-d)-bc=0$ の解と一致する．これを使って，①②③④の行列の固有値を求めよ．また，①と②の行列の固有ベクトルを求めよ．

問題3　行列 $\begin{pmatrix} 2 & 0 \\ 1 & 1 \end{pmatrix}$ の移動図はつぎのようになる．この行列の固有値と固有ベクトルを求め，一般的な点がどのように移動するか説明せよ．

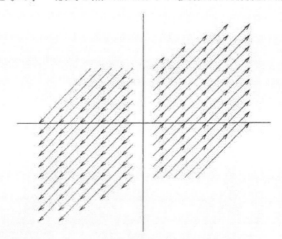

問題4　動物の個体は，次の2つの群に分けることができる．

　　I：未成熟ないしは年をとり，生殖能力のない個体

　　F：生殖能力のある成熟した個体

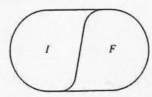

　i と f をそれぞれ I と F に属する個体数とし，1 年後のそれぞれの個体数を i', f' とする．

　生殖能力のある個体数は，次の 2 通りの仕方で変化する．

(1)　子どもが成長して，生殖能力のある個体になる．

(2)　年をとったり，死んだりして減少する．

　これを式で表すと，

$$f' = af + bi \qquad 0 \le a \le 1, \ 0 \le b \le 1$$

となる．ここで，a は 1 年後も F に属する個体の比率である．b は I に属する個体の中で，1 年後に，成長して F になるものの比率である．

　同じように，生殖能力のない個体数は，次のような 2 つのしかたで変化する．

(1)　F の個体が子を作ることによって，また年をとり，生殖能力がなくなることによって I の個体が得られる．

(2)　死亡による減少と成長して F の群に移ることにより減少する．

　このことから，次の式が導かれる．

$$i' = cf + di \qquad 0 \le c, \ 0 \le d \le 1$$

ここで，c は出生率と年をとり生殖能力のなくなる個体の比率との和である．一方，d はまだ F になるまで成長しないで I にとどまる個体の比率である．したがって，$b + d < 1$ が成り立つ．

　これをベクトルで表現すると

$$\begin{pmatrix} f' \\ i' \end{pmatrix} = \begin{pmatrix} a & b \\ c & d \end{pmatrix} \begin{pmatrix} f \\ i \end{pmatrix}$$

となる．

　例として，ある種の動物を考えてみよう．その例では，$a = 0.5$，$b = 0.6$，$c = 0.4$，$d = 0.3$ であり，初年度の個体数は，

$$f = 1000, \quad i = 2000$$

である．電卓を使って，その後10年間の個体数を計算すると，次のようになる．

年	f	i	全体の個体数
0	1000	2000	3000
1	1700	1000	2700
2	1450	980	2430
3	1313	874	2187
4	1181	787	1968
5	1063	708	1771
6	956	637	1593
7	860	573	1433
8	774	516	1290
9	697	465	1162
10	628	418	1046

　この表をグラフに表し，どのようなことが分かるか考えてみよ．また，行列 $\begin{pmatrix} a & b \\ c & d \end{pmatrix}$ の固有値と固有ベクトルを使って，分ったことを説明せよ．

上の課題の略解

まず行列 $\begin{pmatrix} 0.5 & 0.6 \\ 0.4 & 0.3 \end{pmatrix}$ の固有値を求めるために $\det\begin{pmatrix} \lambda-0.5 & -0.6 \\ -0.4 & \lambda-0.3 \end{pmatrix}=0$ を解く．

$$\text{左辺} = (\lambda-0.5)(\lambda-0.3)-0.24$$
$$= \lambda^2-0.8\lambda-0.09$$
$$= (\lambda-0.9)(\lambda+0.1)$$

よって固有値 λ は 0.9 と -0.1 となる．そして，それぞれに対応する固有ベクトルは

$$\begin{pmatrix} 3a \\ 2a \end{pmatrix} \quad \text{と} \quad \begin{pmatrix} a \\ -a \end{pmatrix}$$

である．
　最初の年の f と i のベクトルは

$$\begin{pmatrix} 1000 \\ 2000 \end{pmatrix} = \begin{pmatrix} 1800 \\ 1200 \end{pmatrix} + \begin{pmatrix} -800 \\ 800 \end{pmatrix}$$

とかけることから，n 年後は

$$\begin{pmatrix} 0.5 & 0.6 \\ 0.4 & 0.3 \end{pmatrix}^n \begin{pmatrix} 1000 \\ 2000 \end{pmatrix} = 0.9^n \begin{pmatrix} 1800 \\ 1200 \end{pmatrix} + (-0.1)^n \begin{pmatrix} -800 \\ 800 \end{pmatrix}$$

となる．0.9^n も $(-0.1)^n$ も 0 に収束していくが，$(-0.1)^n$ は 0.9^n に比べてはるかに速く 0 も近づくため，何年かたつと，f と i は毎年 0.9 倍に減少し，その比は $3:2$ になっていく．

第 **6** 話

斜交座標とベクトル空間

1．斜交座標と基底

真紀子：私，人口移動の問題を勉強した時に思ったのだけど，座標を斜めに取ることはできないのですか？

良彦先生：なかなかいい質問だね．そういう座標を斜交座標というのだけれど，問題によってはすごく役に立つことがあるのだよ．

裕介：座標というと直交座標しかないのかと思っていました．それじゃ，斜交座標の話を聞かせてください．

良彦先生：実は，座標とベクトルの組との間には対応関係があってね，今まで私たちが使ってきた xy 座標は，$e_1 = \begin{pmatrix} 1 \\ 0 \end{pmatrix}$ と $e_2 = \begin{pmatrix} 0 \\ 1 \end{pmatrix}$ というベクトルを基にした座標なのだよ．例えば，$a = \begin{pmatrix} 2 \\ 4 \end{pmatrix}$ というベクトルは，xy 座標上の点 $(2, 4)$ を表すが，このベクトル a を e_1, e_2 の一次結合で表すと……．

真紀子：先生，その「一次結合」って何ですか．

良彦先生：まだ，説明していなかったのか．ごめん，ごめん．一次結合というのは，簡単なことだけれど，線形代数ではすごく大切な言葉でね．いくつかのベクトルのスカラー倍の和を一次結合と呼ぶのだよ．今の話だと，$ke_1 + le_2$（k, l は実数）といった形を e_1 と e_2 の一次結合と呼ぶ

のだよ.

真紀子：簡単ですね.

良彦先生：定義は簡単だけれども，線形代数を勉強するときには，「何か
あるベクトルの一次結合で表すとうまくいかないかな」という発想を
いつも持っていることが大切なんだ. さて，a を e_1 と e_2 の一次結合で
表すと

$$a = 2e_1 + 4e_2$$

となる. これを見ると，a の x 座標 2 が e_1 の係数になっているし，y 座
標 4 が e_2 の係数になっている. ここで，発想を転換して，e_1 と e_2 の係
数の組を座標と考えてみよう.

裕介：そうすると，別のベクトルの組を考えることによって，簡単に別の
座標を考えることができるというわけですか.

良彦先生：そういうことだね. 例えば，$b_1 = \begin{pmatrix} 1 \\ -1 \end{pmatrix}$, $b_2 = \begin{pmatrix} 2 \\ 1 \end{pmatrix}$ を基にして
座標を考えてみよう. そうすると，a の新しい座標はどうなるか，考え
てみてくれたまえ.

裕介：$\begin{pmatrix} 2 \\ 4 \end{pmatrix} = k \begin{pmatrix} 1 \\ -1 \end{pmatrix} + l \begin{pmatrix} 2 \\ 1 \end{pmatrix}$ をみたす k, l は -2 と 2 だから新しい座標
は $(-2, 2)$ です.

良彦先生：そうだね.

真紀子：でも，$\begin{pmatrix} 2 \\ 4 \end{pmatrix}$ の座標が，$(-2, 2)$ だなんて変な気がしますね.

良彦先生：問題 1 の図のような斜交座標を考えるとその意味が分かるよ.

裕介：a は，$-2b$ と $2b_2$ の和になっているのが，図でも分かりますね.

良彦先生：このように新しい座標を考える基になるベクトルの組を基底
というのだよ.

真紀子：難しい言葉ですね.

裕介：ところで，どのようなベクトルを 2 こ持ってきても基底になるの
ですか.

良彦先生：これも，なかなかいい疑問だね. どんなものでもよいとはいか

ないよ．座標というからには，それ相応のいくつかの条件を満たさないとだめだね．

真紀子：例えば，どのベクトルも，その２つのベクトルの一次結合で表せる，とか？

良彦先生：そうそう．今日の真紀ちゃんは冴えているね．

真紀子：「今日の」は余計でしょう．

良彦先生：ごめん，ごめん．その他に，一次結合の表し方が一通りであるということも必要になる．この２つの条件を満たすベクトルの組を一般に基底というのだよ．

２．一般のベクトル空間とその次元

良彦先生：つぎに，魔法陣を使って一般のベクトル空間の勉強をしよう．

真紀子：ちょうどよかった．私は，ベクトル空間の次元がよく分からなくて困っていたところです．

良彦先生：君たちは，右のように数を配置したものを魔方陣と言うのを知っているだろう．

裕介：知っていますよ．縦，横，斜めに並んだ３つの数を加えると，その合計がいつも同じ数になるのでしょう．

4	9	2
3	5	7
8	1	6

良彦先生：魔方陣は古代の中国で考え出された．

裕介：先生，「魔方陣」は「魔法陣」と書くのが正しいのではないのですか．

良彦先生：いや，そうではないよ．実は，「方陣」という言葉は，余り使われない言葉だけれど，正方形を表すのだ．だから，おもしろい性質をもった正方形の配置という意味で「魔方陣」と言うのだよ．

裕介：初めて知りました．でも，古代から知られているのでしたら，研究されつくしているのでしょう．

良彦先生：たしかに，魔方陣についてはずいぶん研究されている．でも，少し発想を変えると，まだまだおもしろい問題がある．たとえば，魔

　方陣に使う数は普通自然数だけれども，そういうことを気にしないで，有理数を使ってもよいとして問題をつくることもできる．

裕介：驚きました．強引な発想ですね．

真紀子：でも，負の数や分数の計算も魔方陣とからめてやれば，おもしろいかもよ．

良彦先生：後ろに，そのような問題を載せておいたから挑戦してみてくれたまえ．ところで，もっと別の配置で同じようなことを考えることもできる．たとえば，1から6までの数を図1のように三角形の上に配置して，各辺の上の3つの数の和を同じにする問題を考えてみよう．

図1

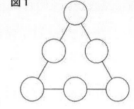

真紀子：魔法の三角形ですね．

良彦先生：そうだね．君たち，どのように配置したらよいか，考えてくれたまえ．

裕介：1, 2, 3 を頂点において，残りを辺に配置するとどうかな．（図2）

図2

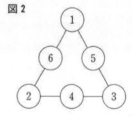

良彦先生：各辺の合計が9になり，うまくいっているね．

裕介：1, 2, 3 と 4, 5, 6 入れ替えると別の配置ができますね．この場合は合計が12になりますが．

良彦先生：それもいいね．君たちはパズルのような問題になると，すぐに解くね．

図3

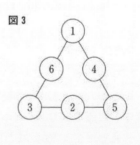

真紀子：やる気が出てきますから，能力がアップするのでしょう．私は，1, 3, 5 を頂点に置いてみました．これだと合計がいつも10になります．（図3）

良彦先生：すごいね．もう3種類も見つかった！

裕介：真紀ちゃんの配置で，1, 3, 5 と 2, 4, 6 を入れ替えるとまた別の配置ができますよ．

良彦先生：本当だね．これで，4つの配置が見つかったね．ところで，入れる数を実数にして，同じ数があってもいいとすると，このような魔法三角全体がベクトル空間になるのだよ．

裕介：えっ，ベクトル空間ですか．

良彦先生：急にベクトルなんていったから驚いたかもしれないけれど，ベクトルといってもなにも数を一列に並べたものだけではないのですよ．

真紀子：それじゃ，和やスカラー倍はどのように定義するのですか．

良彦先生：和は，同じところに位置するそれぞれの数を足せばよいし，スカラー倍もそれぞれの数のそのスカラーを掛ければよい．簡単だよ．

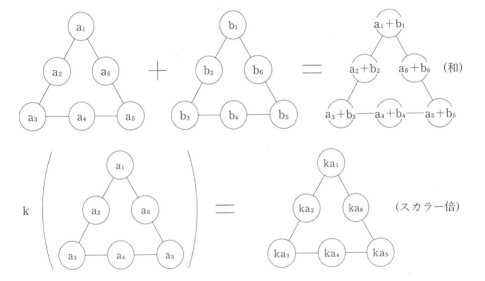

裕介：そう言われてみれば，そうですね．零ベクトルは，すべての数が0の魔法三角のことですか．

良彦先生：その通り．これからは，このベクトル空間のことを魔法三角ベクトル空間と呼ぼう．さて，魔法三角ベクトル空間は何次元でしょう．

真紀子：数字の数が6だから6次元です．

良彦先生：残念ながら違います．確かに，並べている数は6こですが，6この数を自由に選べるわけではないでしょう．次元の定義は何でしたか．

裕介：基底をつくるベクトルの個数でしょう．

良彦先生：そうだね．ところで，基底って何か説明できる？

真紀子：さっき習ったけれど，もう忘れちゃいました．

裕介：基底というのは，いくつかのベクトルの集まりで，かつ，そのベク
　　トル空間のすべてのベクトルをそれらの一次結合で一通りに表すこと
　　のできるもののことです．

良彦先生：そうだね．それじゃ，基底を見つけて
　　みよう．

真紀子：でも，どうするのかしら？

良彦先生：基底を構成するものとしては，簡単
　　なものの方が便利だから，0と1だけででき
　　る魔法三角で基底ができないか考えてみては
　　どうだろう．

真紀子：頂点だけを1にして，他を0にするの
　　はどうかしら．（図4）

良彦先生：それは簡単でいいけれど，辺の和が
　　1の所と0の所があって，魔法三角になって
　　いないよ．

真紀子：たしかに，そうですね．それじゃ，底辺
　　の真ん中の0も1にします．（図5）

良彦先生：なるほど．これはいいですね．

裕介：この配置を120°ずつ回転させると，さら
　　に2つ作れますね．（図6，図7）

良彦先生：確かにそうだね．

真紀子：それでは，答えは3次元ですか．

良彦先生：そこまで，言ってしまうのは早すぎ
　　るよ．この3つの一次結合で表される魔法三
　　角はつぎのようなものに限られるから，まだ
　　何かたりないよ．

裕介：すべての頂点に1がくるものを加えたら

図4
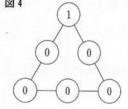

図5
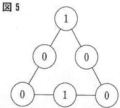

図6
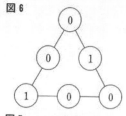

図7
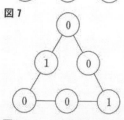

図8
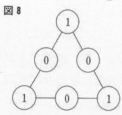

どうですか．（図8）

真紀子：なるほどね．その他に， 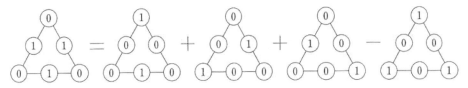 も要るのじゃない．

裕介：でも，それは，他の4この一次結合で表されるから，不必要だよ．

良彦先生：そうだね．多すぎると，一次結合で表す時の表しかたが一通り
　　でなくなってしまうから，最後の1つは要らないのだよ．後，どのよ
　　うな魔法三角もこの4つの魔法三角の一次結合で表されることを示さ
　　なければいけないのだが，それは練習問題としておこう．

真紀子：結論は4次元となったわけね．

君も挑戦してみよう

問題1　ベクトルにはいろいろな表し方がある．ベクトル b, c, d につい
て，次の表をうめ，座標平面上の点として表せ．

数ベクトル	e_1 と e_2 の一次結合	b_1 と b_2 の一次結合	$\{b_1, b_2\}$ に関する座標
$a = (\quad)$	$2e_1 + 4e_2$	$-2b_1 + 2b_2$	$(-2, 2)$
$b = (\quad)$	$3e_1 + 3e_2$		
$c = (\quad)$		$-b_1 - 2b_2$	
$d = (\quad)$			$(2, 1)$

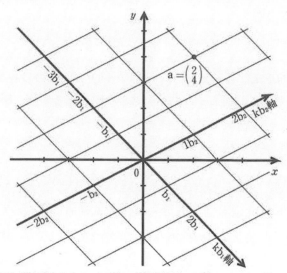

問題2　適当な有理数を入れて，次の魔方陣を完成せよ．ただし，1つだけ解のないものがある．それはどれか．また，なぜか．

5	8	
	12	

5	8	12

5	8	12

5	12	
	8	

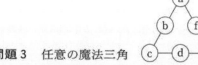

問題3　任意の魔法三角 （ただし，$a+b+c=c+d+e=e+f+a=s$）は，図5から図8までの一次結合で表せることを示せ．また，その表し方は唯一通りしかないことを示せ．

問題4　右の図のような8この数字の配列で，各辺上の3つの数の和が等しいものの全体はベクトル空間になるが，その基底を一組見つけよ．

a	b	c
h	■	d
g	f	e

問題4の答

$$\begin{pmatrix}1&0&0\\0&\blacksquare&1\\0&1&0\end{pmatrix}, \begin{pmatrix}0&0&1\\1&\blacksquare&0\\0&1&0\end{pmatrix}, \begin{pmatrix}0&1&0\\1&\blacksquare&0\\0&0&1\end{pmatrix}, \begin{pmatrix}0&1&0\\0&\blacksquare&1\\1&0&0\end{pmatrix}, \begin{pmatrix}0&1&0\\1&\blacksquare&1\\0&1&0\end{pmatrix}$$

第 **7** 話

部分空間について考える

真紀子：先生，ベクトル部分空間がよく分かりません．

良彦先生：定義が分からないのかい．教科書に書いてある通り，2 つの条
件を満たせばよいのだよ．

> K 上のベクトル空間 V の空集合でない部分集合 W が次の 2 つ
> の条件をみたすとき，W を V の**ベクトル部分空間**，または簡単に**部
> 分空間**という．
>
> (i) 任意の $x, y \in W$ に対して　　　　　　　　$x + y \in W$；
>
> (ii) 任意の $x \in W$ と任意の $c \in K$ に対して　　　　$cx \in W$.

裕介：定義は一応分かるけれども，どうも具体的なイメージがつかめな
いのですよ．

良彦先生：それじゃ次に R^2 の部分集合の例をあげますから，その中でベ
クトル部分空間になるものはどれか考えてみて下さい．

輝之：①は違うと思うな．こんなアメーバーのような形が部分空間にな
るはずがないよ．

裕介：感覚だけでものを言っちゃだめだよ．

真紀子：原点を含んでいないということは零ベクトルを含んでいないと
言うことでしょう．部分空間は零ベクトルを含んでいないとだめじゃ
なかった？

問題　2次元数ベクトルを xy 平面上の点と同一視したとき，R^2 の部分集合のうちベクトル部分空間となるものはどれか．

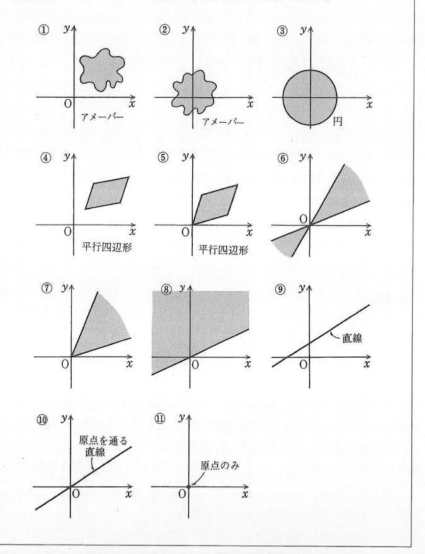

輝之：でも，定義の2つの条件にはそんなこと書いてないよ．

裕介：定義の(ii)から言えるのじゃない．部分空間の元 x を1つとってきて，スカラー c に0をとってくれば，$0x$ は部分空間の元となるのだろ

う．ところで，$0x$ は零ベクトルなのだから，部分空間は必ず零ベクトルを含むということが言える．

真紀子：なるほど．さすが，裕ちゃん．これで①については部分空間ではないということで決着しました．

輝之：部分空間は零ベクトルを含むということを基準に見ていけば，④と⑨も部分空間ではないことが分かる．そして，それ以外は部分空間．裕ちゃんはすごい基準を見つけたね．

裕介：ちょっと待って．④と⑨がだめなのはいいけれど，それ以外は部分空間というのはおかしいよ．

輝之：どうして．だって，部分空間なら零ベクトルを含むのだろう．だから逆に……

裕介：確かに，部分空間は零ベクトルを含む．しかし逆に，零ベクトルを含む部分集合は必ずしも部分空間かどうかは分からないよ．

真紀子：『逆，必ずしも真ならず』というじゃない．

輝之：真紀ちゃん，むつかしい格言を知っているね．それどういう意味？

真紀子：『人間は動物である』という命題は正しいけれど，その逆の『動物は人間である』という命題は正しくないでしょう．このように正しい命題でもその逆の命題は正しくないこともある，ということを言っているのよ．

裕介：今日の真紀ちゃんはさえているね．

輝之：それじゃ，①④⑨以外はどのようにして判定すればいいの？

裕介：定義の２つの命題から見ていけばいいのじゃないかな．

輝之：(i)の『任意な $x, y \in W$ に対して $x + y \in W$』ってどういうこと．

真紀子：$x + y$ というのは，原点と x, y を頂点にする図のような平行四辺形を描いた時に4 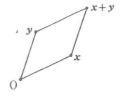 番目の頂点で表わされるのでしょう．だから，それぞれの例について，部分集合の中の点 x, y をとって平行四辺形を描き，$x + y$ が又部分集合の点かどうか確かめればいいのじゃない．

輝之：なるほど．それじゃ②と③はだめだね．だって図のように x, y を

とると $x+y$ の方は部分集合の外に出てしまう.

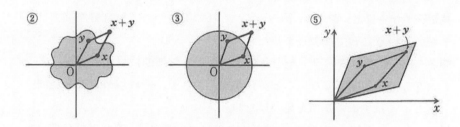

裕介：そうだね. それじゃ⑤はどうだろう.

輝之：これは条件(i)を満たしているのじゃないかな. だって, 図から分か
　　　るように $x+y$ は部分集合の中に入っているよ.

裕介：ちょっと待って. 輝之君の示した x と y では確かに $x+y$ もまた
　　　部分集合の中に入っているけれども, 別の x と y を考えればうまくい
　　　かない場合もあるのではないかな.

輝之：えっ, 1組の x と y を適当にとって, $x+y$ がまた部分集合に入
　　　っていれば条件(i)を満たしているといっていいのじゃないの.

裕介：それは違うよ. (i)の文章にある任意の x, y というのは, 『適当に』
　　　ではなくて, 自由にどんな x, y を取ってきても, という意味なのだ
　　　よ. 言い換えると, すべての x, y に対してという意味なんだよ.

輝之：それじゃ初めから『すべての』といってくれればよいのに. よく特
　　　別な言葉使いをするから数学嫌いになるのだよ.

裕介：さてそれで⑤の例に戻るけれど,
　　　つぎのような x, y をとると, $x+y$
　　　は部分集合の外に出てしまう. だか
　　　ら⑤も部分空間ではないのだよ.

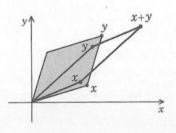

輝之：なるほど. これも違うか. ひょっ
　　　とすると, 良彦先生, 部分空間にな
　　　らない例ばかり集めたのじゃない.

真紀子：まさか. ⑥は部分空間かも知れないよ. だって(ii)の条件は満たす
　　　し, (i)もよいのじゃない.

輝之：(ii)の条件ってどういうこと．

真紀子：原点を通る直線は $\{cx|c$ は実数$\}$ で表わされるから，(ii)の意味
は，部分集合のすべての元 x に対して原点と x を通る直線上の点はす
べて部分集合に含まれるということでしょう：①から⑧まででこの条
件を満たすのは⑥しかない．そして，図のように考えれば，(i)も満た
しているのではない．

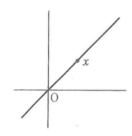
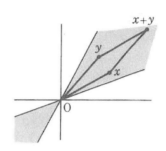

良彦先生：確かに⑥の例は(ii)を満たしているようだね．でも(i)はどうか
な．

輝之：x と y を図のように第 1 象現と第 3 象現からとると $x+y$ は部分
集合の外に出てしまうよ．

真紀子：なるほど，これもだめね．

裕介：ということは，①から⑨まではすべて
部分空間ではないということが分かった．
⑩と⑪はどうだろう．

輝之：こういう特別なものはだめなのじゃな
い．だって，(i)の条件の x と y を任意にとることができないよ．

裕介：それは違うよ．『任意な $x,\ y$』というのは，部分集合の中の任意
なという意味なのだよ．だから⑪のような場合には一点 $\{0\}$ が部分集
合なのだから任意な $x,\ y$ といっても，x も y も 0 しか考えられない
のだよ．

真紀子：$0+0=0$ だし，0 のスカラー倍 $c0$ もまた 0 だから，⑪は部分空間
になる．

良彦先生：そうなんだ.

真紀子：でも，なんだか心にストンと落ちないわ.

良彦先生：そうかも知れないね. {0}というのは特別な部分空間だから
　　　ね. ⑩については，どうだろう.

裕介：これもよいみたいですね. xとyを原点を通る直線上の点とする
　　　と，平行四辺形はひしゃげて線分になってしまうから，$x+y$もやはり
　　　元の直線の上にくる. こう考えれば(i)の条件が成り立つ. (ii)も成り立
　　　つからこれは部分空間になるのだよ.

輝之：ということは，⑩と⑪だけが部分空間で，他は部分空間ではないと
　　　いうのが答ですか.

良彦先生：そういうことだね. 実は，R^2の部分空間は{0}と原点を通る直
　　　線とR^2自身しかないのだよ.

真紀子：R^2自身が部分空間というのはおかしいですね.

良彦先生：そうだね. そういうこともあって，{0}とR^2以外の部分空間を
　　　真部分空間というのだよ. それを使うとR^2の真部分空間は，原点を通
　　　る直線しかない，ということが言えるのだよ.

輝之：線形代数の教科書には，どうしてこういう話が載っていないので
　　　すか.

良彦先生：多分，数学者にとっては明らかなことだから，初学者にとって
　　　もやさしいことだと思っているのではないかな. 実は，この問題は10
　　　年程前に私の友人のAさんから教えてもらったのだけれども，アメー
　　　バーが部分空間かどうか尋ねることの奇抜さには驚いてしまったよ.

裕介：抽象的な命題も，こういう具体例を通して検証してみると理解が
　　　深まりますね.

君も挑戦してみよう

問題　本文の問題の中の部分集合の中で，部分空間の条件のうち(i)だけ
を満たすものはどれか.

第 8 話

行列式のルーツを探る

1. 行列と行列式

真紀子：質問があるのですが.

良彦先生：質問はいつも大歓迎だよ. 何でもどうぞ.

真紀子：実は私, 行列と行列式の違いがよく分からないのです.

良彦先生：えっ, 本当！ どうして？

真紀子：だって, 名前もよく似ていれば, 記号だってほとんど同じでしょう？

良彦先生：そういわれればそうだね. 今までも, 行列のことを行列式と書いていた学生がかなりいて驚いていたのだ. ちょうどよい. 行列と行列式の違いについて一緒に考えてみよう. まず名前だけれど, 行列というのは英語の matrix の訳なんだ. matrix という言葉はもともと,「母体, 子宮, 字母」といった意味を持っていた. いくつかの数字の組を入れておく場といった意味で, シルベスターという人がこれを数学用語として使い始めたのだよ.

裕介：いつ頃のことですか.

良彦先生：19世紀のイギリスのことだよ. 確か, 1850年の論文に初めて登場したのだよ.

真紀子：百年以上も前の話ね.

良彦先生：そうなんだ. 君たちにはずいぶん昔の話に思えるかもしれな

いけれど，数学の歴史から見ると比較的最近のことなんだ．

裕介：それじゃ，行列式はもっと新しいのですか．

良彦先生：確かに，今の教え方では，行列を初めに定義して，それに対して，行列式を定義するから，そう考えるのも無理ないけれど，事実はその逆なのだ．17世紀の終わり頃，ライプニッツが行列式の重要性を見つけたのだ．

裕介：ライプニッツって，ニュートンと共に微分の発見者といわれている人でしょう．

良彦先生：そうなんだ．よく知っているね．ところでそれより前に日本の数学者関孝和が4次までの行列式を正しく定義しているのだよ．次の図は，関の本の中にある3次の行列式の展開を表わす図なんだよ．

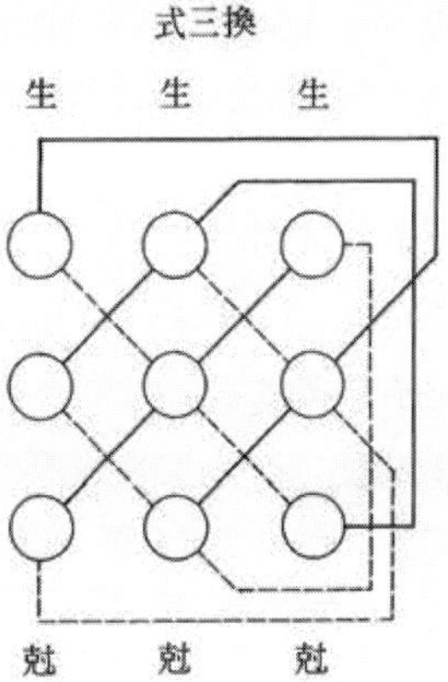

式三換

裕介：Sarrus の展開の図のようですね．

良彦先生：そうなんだ．元の本では，実線を朱色の線で，点線を黒い線でかいてある．

真紀子：二色刷の図が300年近く前の本にあるなんて驚きね．

裕介：ところで，関孝和やライプニッツはどういうことから行列式を考えたのですか．

良彦先生：関孝和は高次の方程式から未知数を消去して行列式を導いたが，ライプニッツは一次の連立方程式から行列式を導いている．もう少し詳しく言うと，連立方程式

$$\begin{cases} a_{11}+a_{12}x+a_{13}y=0 \\ a_{21}+a_{22}x+a_{23}y=0 \\ a_{31}+a_{32}x+a_{33}y=0 \end{cases}$$

から，未知数 x, y を消去して，行列式

$$\begin{vmatrix} a_{11} & a_{12} & a_{13} \\ a_{12} & a_{22} & a_{23} \\ a_{31} & a_{32} & a_{33} \end{vmatrix}=0$$

関孝和の記念切手

で表わされる式を導いている.

裕介：行列はもう考えられていたのですか.

良彦先生：いや，先程も言ったように，行列の考えは19世紀になってから
　出てきたのだよ．それまでは，行列式と言っても，一次の連立方程式
　に対してその係数からつくられる式として理解されていた．だから，
　ライプニッツの導いた式も

$$a_{11}a_{22}a_{33}+a_{12}a_{23}a_{31}+a_{13}a_{21}a_{32}=a_{11}a_{23}a_{32}+a_{12}a_{21}a_{33}+a_{13}a_{22}a_{31}$$

と書いた方が事実に近いかも知れないね.

真紀子：近いというのは本物ではないのですか.

良彦先生：本物は

$$\begin{array}{ll} 11\cdot22\cdot33 & 11\cdot23\cdot32 \\ 12\cdot23\cdot31= & 12\cdot21\cdot33 \\ 13\cdot21\cdot32 & 13\cdot22\cdot31 \end{array}$$

という式だよ．a_{ij} の代わりに ij という記号を使っている.

真紀子：ずいぶん大胆な書き方をしますね.

良彦先生：そうだね．彼は記号つくりの名人でね．微分や積分でよく使う
　dx や $\int$ を発明したのも彼なんだよ.

裕介：そうですか．初めて知りました.

良彦先生：ところで，行列式という言葉は英語の determinant の訳語な
　んだけれど，元の意味は決定式とか判別式といった意味なんだ．判別
　式は2次方程式の解の判別式と思われるから，決定式と訳しておけば
　よかったと思うね.

真紀子：私もそう思うわ.

良彦先生：記号についても，従来よく使われてきた $|A|$ に代わって，det
　A という書き方をする人も出てきているね.

裕介：僕は，初めて $|A|$ を見た時，絶対値を思い浮かべてしまいました.
　そして，行列の絶対値って何かなって考えてしまったりして.

良彦先生：なるほどね．これからは私もなるべく det A の方式で書くこ
　とにするよ.

裕介：ところで，det A は A の何を決定するのですか.

良彦先生：正方行列 A に対して，

$$AB = BA = E, \quad E \text{ は単位行列}$$

を満たす行列を A の逆行列といって A^{-1} と書くけれど，行列 A が，逆行列を持つかどうかを判別するのが $\det A$ なんだよ．

$$A^{-1} \text{ が存在する} \iff \det A \neq 0$$

という定理を知っているだろう．

裕介：ああ，思い出しました．それじゃ，$\det A$ が 0 かどうかだけが重要で，具体的な $\det A$ の値は意味がないのですか．

良彦先生：そんなことはないよ．まず，0 かどうかが大切なのだけれども，具体的な値も意味があるのだよ．

真紀子：どういう意味ですか．

良彦先生：以前，行列というものは線形写像を表わすという話をしただろう．大雑把に言えば，線形写像の倍率を表わすのが行列式なのだよ．それについては，これからもっと詳しく説明するけれど，今までの話を表にまとめておくと次のようになる．

行列と行列式

	行　　　列	行　列　式
記　号	$\begin{pmatrix} a_{11} & a_{12} & \cdots & a_{1n} \\ a_{21} & a_{22} & \cdots & a_{2n} \\ & & \cdots & \\ a_{m1} & a_{n2} & \cdots & a_{mn} \end{pmatrix}$ A	$\begin{vmatrix} a_{11} & a_{12} & \cdots & a_{1n} \\ a_{21} & a_{22} & \cdots & a_{2n} \\ & & \cdots & \\ a_{n1} & a_{n2} & \cdots & a_{nn} \end{vmatrix}$ $|A|$, $\det A$
原　語	matrix（母体，子宮，字母）	determinant（決定式）
発明者	シルベスター（1850年）ケーリー（1858年にまとまった論文を書く）	関孝和（17世紀前半に4次までの行列式を定義した） ライプニッツ（1693年の手紙）
意　味	線形写像の表現行列	線形写像の倍率

2．行列式とは倍率のこと

真紀子：行列式の意味は『線形写像の倍率』だというのはどういうことで

すか．

裕介：普通，倍率という言葉は相似変換について使うと思うのですが，相似変換以外の線形写像についてはどう考えればよいのですか．

良彦先生：確かにもっともな疑問だね．2次の正方行列で表わされる線形変換について考えてみても，回転やある方向への傾け，縦横の拡大・縮小などがある．もっと一般的に考えると，つぎの図のような変換が考えられる．

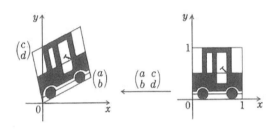

　もちろん，このような変換は相似変換ではないので，普通の意味での倍率は考えられないのだけれども，面積が何倍になったかで倍率を考えるのだよ．

真紀子：へえー，面積での倍率ね．

良彦先生：そうなんだ．この図では，一辺1の正方形を行列

$$\begin{pmatrix} a & c \\ b & d \end{pmatrix}$$

によって平行四辺形に写っているだろう．その平行四辺形の面積がちょうど

$$\det\begin{pmatrix} a & c \\ b & d \end{pmatrix} = ad - bc$$

に一致するのだよ．

　ちょうどよい演習問題だからこれを証明してみたまえ．

真紀子：図から平行四辺形の面積は，大きい長方形から4つの三角形の

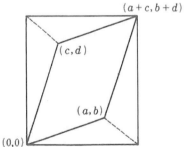

面積を引けばよいのだから

$$(a+c)(b+d)-\frac{1}{2}(a+c)b-\frac{1}{2}(b+d)c-\frac{1}{2}(a+c)b-\frac{1}{2}(b+d)c$$

$$=(a+c)(b+d)-(a+c)b-(b+d)c$$

$$=(a+c)d-(b+d)c$$

$$=ad+cd-bc+dc$$

$$=ad-bc$$

となって，証明完了.

良彦先生：よくできたね.もっとも，平行四辺形が第1象現にくる場合は
これでよいけれども，他の場合はまた別の証明が必要になってくるね.

裕介：僕は，三角関数の知識を使ってアプローチしてみようと思い，つぎ
のようにしてみました.

　図のように，長さ r_1, r_2 と角 θ_1, θ_2, θ を定めると
平行四辺形の面積 S は

$$S=r_1 r_2 \sin \theta$$

$$=r_1 r_2 \sin(\theta_2-\theta_1)$$

$$=r_1 r_2(\sin \theta_2 \cos \theta_1$$

$$-\cos \theta_2 \sin \theta_1)$$

$$=(r_1 \cos \theta_1)(r_2 \sin \theta_2)$$

$$-(r_1 \sin \theta_1)(r_2 \cos \theta_2)$$

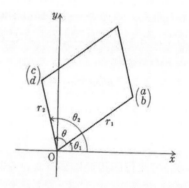

となります．ところが，

$$\begin{cases} a=r_1 \cos \theta_1 \\ b=r_1 \sin \theta_1 \end{cases}, \begin{cases} c=r_2 \cos \theta_2 \\ d=r_2 \sin \theta_2 \end{cases}$$

だから，$S=ad-bc$ となることが証明できます.

良彦先生：これはなかなか冴えた証明だね.

裕介：ところで，行列式は値が負になる場合もありますが，倍率が負とい
うのはおかしいのではないでしょうか.

良彦先生：これはよい所に気がついた.次の図は行列式が -0.88 とマイ
ナスになる例なのだけれども，前の例と比較してどう違うか考えてご
らん.

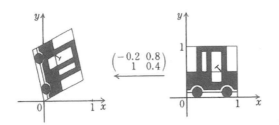

真紀子：車の向きが変わっている！

良彦先生：そうそう．向きが変わっているのだよ．したがって，

行列式＝面積での倍率×向き

と考えられる．

裕介：ところで，向きの変わった場合，私のやった証明はどうなるのでしょうか．

良彦先生：その場合には，$\theta_2 > \theta_1$ ではなく，$\theta_1 > \theta_2$ となるから，$\theta = \theta_1 - \theta_2$ となる．従って

$$S = r_1 r_2 \sin \theta$$
$$= r_1 r_2 \sin(\theta_1 - \theta_2)$$
$$= -r_1 r_2 \sin(\theta_2 - \theta_1)$$
$$= -(ad - bc) \quad \text{（前と同じ変形をして）}$$

となる．だから，向きが変わると

$$\det \begin{pmatrix} a & c \\ b & d \end{pmatrix} = -S$$

となる．裕介君の証明のアイデアは向きが変わっても使えるからすごく優秀だね．

裕介：ほめていただいてありがとうございます．ところで，3次やそれ以上の場合にはどうなるのですか．

良彦先生：3次の場合には，面積の代りに体積で考えるのだよ．この場合にも向きというものが考えられてね．

行列式＝体積での倍率×向き

と考えられるのだよ． 4次以上の場合にも，体積・向きを考えると同じことが言えるのだけれども，もう直観的に理解することはむつかしいね．

真紀子：今までは，ただ計算するだけの対象だった行列式が持っている意味を知れて嬉しいわ．

良彦先生：逆に，行列式の意味を，『倍率×向き』と考えると，2つの正方行列 A, B の積の行列式について

$$\det(AB) = \det B \cdot \det A$$

などという式も当り前に見えてくるだろう．

真紀子：2回続けて変換した時の倍率は，それぞれの変換の倍率と同じになるというわけでしょう．

裕介：僕は，今，つぎの定理が当り前に見えてきました．

　　A を (m, n) 行列，B を (n, m) 行列とする．$m > n$ とすると $\det(AB) = 0$ となる．

　　この場合には，B の変換によって m 次元から次元の低い n 次元に写されるから，その倍率は0．だから，後からどんな A で写してもやはり，倍率は0のままになる．だから行列式も0になる．

良彦先生：なるほど．うまい説明を思いついたね．

真紀子：意味をしっかりつかむと今までバラバラだった定理なんかも統一的に理解できるのですね．

君も挑戦してみよう

　行列式を利用して右図の三角形の面積を求めよ．

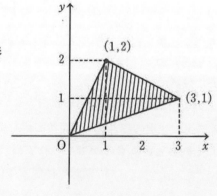

第 **9** 話

あみだの数学

裕介：前回の行列式の歴史の話はなかなかおもしろかったわ.

真紀子：ところがいざ, 行列式の勉強を始めようとすると, 置換とかその
　　　符号とかができてきて分からなくなってしまうのです.

良彦先生：それじゃ, 今日は置換の勉強をしよう.

真紀子：置換というのはものを置き換える操作のことでしょう. 数学で
　　　扱う置換もそういう意味なのですか.

良彦先生：そういうことだよ. ただ, 数学の場合には, 対象を有限個の集
　　　合に限定して, その要素を置き換える操作を考えるのだよ.

裕介：それでも, どの教科書を見ても, 有限集合としては $\{1, 2, \cdots, n\}$ し
　　　か扱っていません. それで, 数学でいう置換は, 現実とは何のかかわ
　　　りもないと思っていました.

良彦先生：そんなことはないんだよ.

裕介：それと, 集合の要素を置き換えるということがもうひとつよく分
　　　からないのです. 集合というのは, 要素だけがばらばらにあって, そ
　　　の要素の位置とか, 要素間の関係とかを考えないのでしょう. 要素を
　　　置き換えても, 集合としては同
　　　じではないですか.

良彦先生：もちろん, 集合として
　　　は同じだよ. 今, 裕介君があげ
　　　た例でいえば, 右の図で各要素

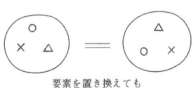

要素を置き換えても
集合としては同じ

が占めていた位置にどの要素が移って来ているかによって要素間の対
応を考えると，○の所に△が来ている．これを

$$○ \longrightarrow △$$

で表わそう．そうすると全体としては

$$\begin{cases} ○ \longrightarrow △ \\ × \longrightarrow ○ \\ △ \longrightarrow × \end{cases}$$

と表わされる.

裕介：それじゃ先生，集合 $\{○, △, ×\}$ から $\{○, △, ×\}$ への写像じゃない
　　　ですか．

良彦先生：そう，その通り．置換というのはある有限集合からそれ自身へ
　　　の写像のことだよ．ただし，異なる要素は異なる要素にうつるという
　　　条件も必要だから，１対１の写像だけどね．

真紀子：それじゃ，有限集合からそれ自身への１対１の写像を置換とい
　　　うのですね．

良彦先生：そういうことだよ．

真紀子：最初からそう言ってくれればいいのに．

良彦先生：ごめん，ごめん．ただ，歴史的には，ある順列を別の順列に置
　　　き換える演算として置換をとらえてきたという背景があって，そのな
　　　ごりが置換という言葉やそれを表わす記号にも残っているのだろう．

真紀子：置換が分かりにくいのは私だけのせいではないようで，ほっと
　　　したわ．

良彦先生：それと，実例としては今でも順列を置き換えるような例が多
　　　いという事情もあるのだろう．例えば○，△，×が横一列に　○△×
　　　と並んでいるのを　△×○　と並びかえるといったように．もっとも

$$○△× \longrightarrow △×○$$

といった並びかえと

$$△×○ \longrightarrow ×○△$$

といった並びかえは同じものと見るわけだけどね．

良彦先生：それじゃ，置換とは何かという話はこれくらいにして，具体的

な例を考えてみよう．

裕介：こんな話はどうでしょう．

　　下の図のような2車線の道路があり，左側の車線を A, B, C, D の4台の車が $ABCD$ の順に走っています．ところが，5分後にはこれらの4台の車は $DACB$ の順に入れかわっていました．これを置換で表わすと

$$\begin{pmatrix} A & B & C & D \\ D & A & C & B \end{pmatrix}$$

となります．

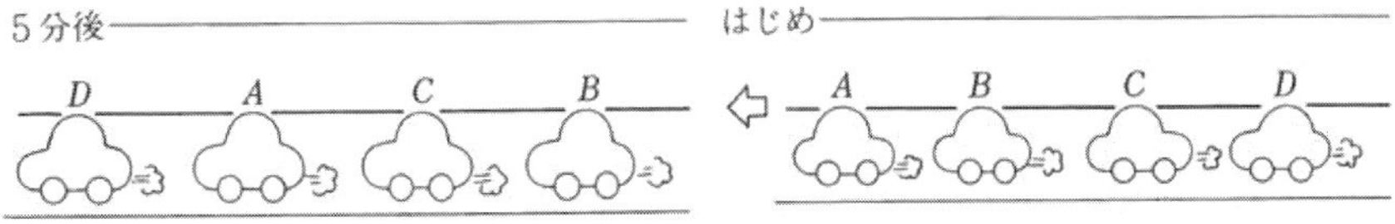

5分後━━━━━━━━━━　　　　はじめ━━━━━━━━

D　　A　　C　　B　　◁　　A　　B　　C　　D

良彦先生：なるほど．

真紀子：あみだくじなんかどうですか．あみだをたどっていくことによって，上にある最初の並び方がすっかり変わって新しい並び方が下にできる．

良彦先生：よい例を思いついた．あみだの働きは置換そのものだといってもよいくらいだ．実は，私はここ数年あみだのことを詳しく研究しているのだ．あみだのことならなんでも尋ねてくれたまえ．

真紀子：先生すごい張り切りようですね．それじゃ，下に1つだけ当りのあるあみだを引く時，どうすれば当りの場合を見つけられるのですか．

良彦先生：簡単だよ．下の当りの場所から出発して，逆に上に戻ってくればよいのだよ．

真紀子：そんなことくらい言われなくっても分っています．だけど実際には途中の部分を隠しているので，どのように横線が入っているか見えないのです．そのような時にどうすれば当りを引けるかを知りたいのです．

良彦先生：それはむつかしいよ．いや誰だって分からない．そして当然，私にも分からないよ．

真紀子：なあんだ．がっかり．

裕介：あみだを見ていて，あれだけ混み入った横線がいっぱいあるのに，出発点が違えば同じ所に行かないのが不思議なんです．

良彦先生：あみだの横線というのは，その両側の道が交叉して入れ替わる役割りを果たしている．だから，横線の部分を

に置き換えてみるとよい．これだと錯角がおこることはないが，かくのが少しめんどうになる．横線だと，現実の横丁のイメージあって，そこに入っていってもよいし，入らないでまっすぐ行ってもよいし，またひっかえして来てもよいような感じがするから，出発点が違っても同じ所に行くような錯覚がおこるのではないのかな．

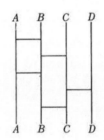 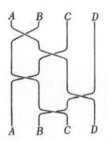

裕介：そうかもしれませんね．確かに，右の図だとそういう気にはなりませんね．

良彦先生：ところで，先程の裕介君の例を表わすあみだを考えてみよう．

裕介：私は，D が一気に3台の車を追い越して先頭に出て，次に C が D を追い越すと考えて，次のようなあみだにしました．

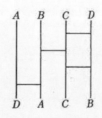

良彦先生：なるほど．

真紀子：私は，D が B と C を抜き，抜かれた C が B を抜いてさらに D
　　　に追いつこうとしている時に，加速した D が A を抜くと考えて，
　　　とするわ．

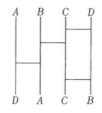

良彦先生：話が凝ってきて，現実味を帯びてきたね．ところで，2つのあ
　　　みだはどちらも横線が4本だけど，この置換を表わすあみだはどれも
　　　横線が4本かね．

裕介：別の本数のあみだもありますよ．初めに B が A を抜き，次に D
　　　が B, A, C をごぼう抜きにし，A が B を抜き，さらに C と B を抜く
　　　と考えると

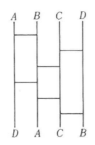

となり，6本となります．

良彦先生：なるほどね．ところで，この置換を3本とか5本の横線のあみ
　　　だで表わすことはできないかね．

　　　真紀子と裕介はいろいろとなってみるが，できるのは4本，6本，
　　8本といった偶数本のあみだばかり．

裕介：先生，この例では追い越しが4回あるので，どうしても横線は4本
　　　いるように思います．それから，本数を増してもなぜか偶数本のあみ

だしかできません.

良彦先生：それでいいんだよ. この置換を表わすあみだは, 偶数本の横線
　　を持ち, その最小数は 4 なのだ.

真紀子：どうしてそんなことが分かるのですか.

良彦先生：今考えている置換

$$\begin{pmatrix} A & B & C & D \\ D & A & C & B \end{pmatrix}$$

をつぎのように表わしてみる.

　　私はこの図を置換のシェーマ図と呼
んでいるのだけれど, この図の中の交
点の数を数えてごらん.

真紀子：4 個です.

良彦先生：そう 4 個だね. この 4 が大切な数で, この数はこの置換を表わ
　　すあみだの横線の最小本数と一致するのだ. また, この数が偶数だっ
　　たら, あみだの横線の数もいつも偶数, この数が奇数だったら, 横線
　　の数も奇数となることが分かっている.

裕介：おもしろいですね.

良彦先生：それで, シェーマ図の交点の数が偶数の置換を偶置換と呼び,
　　奇数の置換を奇置接と呼ぶ. そして, それぞれの符号を +1, −1 とす
　　るのだよ.

裕介：別の言葉で言えば, 偶置換はいつも偶数本のあみだで表わされる,
　　奇置換はいつも奇数本のあみだで表わされるということですね.

良彦先生：そう, そういうことだよ. それじゃ, このことを使って次の問
　　題を考えてみてくれたまえ.

ターンテーブルの回転数は？

　　図のような編成の東京行き貨物列車が博多駅にはいってきました.
ところが, 博多駅へ来る途中で次々と後ろに貨物をつないで来たた
めに行き先がばらばらでした. そこで, 博多から東京へ行く途中で

後ろから順に貨車をきりはなして行けるように貨車を並びかえたいのですが，ターンテーブルに貨物を2両づつのせて半回転させることによって貨物を並べかえようということになりました。

さて，ターンテーブルが何回転すれば，うまく並びかえられますか？

真紀子：これは先生のいう置換のシェーマ図とやらをかいて交点を数えればいいのでしょう．シェーマ図は

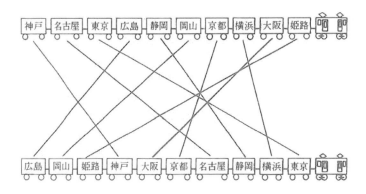

となるから，交点は24個ある．従って，答は24回転．

裕介：残念でした．答は12回転です．だって，2つの貨車を入れ替えるのにターンテーブルを半回転すればよいのだから，ターンテーブルは24回使うが，回転数はその半分でよい．

真紀子：いじわる問題にやられたみたい．

良彦先生：この問題は，鉄道研究会に入っていた斉田誠君という学生が以前に作ってくれたものなんだ．それじゃ，もう一つ，犬伏薫君という学生が作ってくれた問題を考えてみよう．

我が家のテレビ

我が家には，3台のテレビがあり，父，弟，私の3人がそれぞれ1台ずつ見ている．テレビ A は最新型のカラーテレビである．テレビ B は，すこし古いカラーテレビである．テレビ C はどうしようもなく古い白黒テレビであり，当然どのテレビを見るかで争いがおこる．そこでわたしは，この争いを解決するため，線形代数で得た知識をもとに誰がどのテレビを見るかを決めることにした．

もちろん私はテレビ A を見ることになるだろう．そして，18年間私を育ててくれた父にはテレビ B を，兄を兄とも思わぬ弟には，しばしば画面の乱れるテレビ C を見てもらうことになるだろう．

ここに1人2本ずつ計6本の横線をいれることにした．私は一番最後に線をいれることにした．はたしてうまくいくだろうか？

裕介：あみだの横線が6本で偶数なのだから，偶置換になるように名前を入れるのがポイントではないかな．たとえば

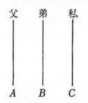

から初めると，このシェーマ図は

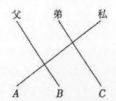

となり，偶置換だからうまくいく可能性があるが，

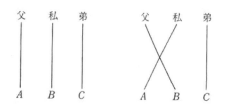

から始めると奇置換となり，いくらがんばってもうまくいかない．

良彦先生：そうその通り．そして実は，偶置換の形でスタートすれば，私が最後に下に2本いれることでうまくいくことも言えるのだよ．

真紀子：へえー．あみだの数学ってなかなか強力なのね．

君も挑戦してみよう

つぎの置換を表わすあみだの横線は何本以上必要か．

$$\begin{pmatrix} 1 & 2 & 3 & 4 & 5 & 6 & 7 & 8 \\ 6 & 7 & 2 & 4 & 1 & 3 & 8 & 5 \end{pmatrix}$$

また，最小本数の横線をもつあみだをつくれ．

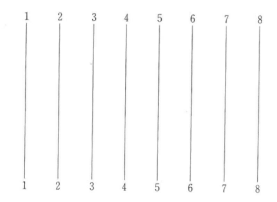

第 10 話

あみだくじは公平か

裕介：前回は，あみだくじにもいろいろな法則があることが分かりおもしろかったですね.

真紀子：私は，うまく当りくじを引く方法を教えてもらえるかと思っていたのでがっかりしたわ.

良彦先生：実は，真紀ちゃんに言われてから当りくじを引く方法について考えているのだよ.

真紀子：えっ，本当ですか.

良彦先生：もちろん確実なことは分からないのだけれど，もし当りの位置が分かっていれば，上のどこを引いたら有利かくらいのことは言えるかもしれないと思ってね.

裕介：えっ. 僕は，どこを引いても同じ確率かと思っていました. もし，位置によって有利，不利があるのならくじ引きに使えなくなってしまいますよ.

良彦先生：実は私もそう思っていたのだけれど，真紀ちゃんの質問がヒントになって一度ためしてみたんだ. 例えば，縦線が 3 本のあみだに横線を 3 本入れる場合を考えてみるとつぎの 8 通りの場合が考えられる.

　今もし，下の2に当りくじがあったとする．そうすると，上の1で当たる場合が3通り，2が2通り，3が3通りとなる．だから，横線が見えなくてもその本数が3本と分かっていれば，上の1か3を引いた方が有利だと言える．

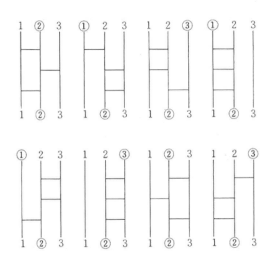

真紀子：でも先生，実際は，縦の線も横の線ももっとたくさんありますよ．

裕介：それに，横の線の数も分かりませんよ．

良彦先生：なるほど．君たちの言うこともももっともだ．それじゃ，もっと縦の線の数と横線の数を増やしてやってみよう．そのために次のような行列を考えてみよう．

真紀子：えっ，また行列が登場してくるのですか．

良彦先生：そうなんだよ．以前，行列は表なりという話をしたが，次の表を見てほしい．これは，n本の横線のあるあみだで，その途中に一本の横線を入れる．そうすると，どのような変化が起こるかを示す表なんだよ．もちろん，横線がどこに来るかは，どの間隔についても同じ確率$\left(\dfrac{1}{n-1}\right)$だとする．

表　一本の横線によりルートの変わる確率

へ＼から	1	2	3	⋯	⋯	n
1	$\dfrac{m-1}{m}$	$\dfrac{1}{m}$	0	⋯	⋯	0
2	$\dfrac{1}{m}$	$\dfrac{m-2}{m}$	$\dfrac{1}{m}$			0
3	0	$\dfrac{1}{m}$	$\dfrac{m-2}{m}$			⋮
⋮	0	0	$\dfrac{1}{m}$			0
⋮	⋮	⋮		0	$\dfrac{m-2}{m}$	$\dfrac{1}{m}$
n	0	⋯	⋯	0	$\dfrac{1}{m}$	$\dfrac{m-1}{m}$

（ここで $m=n-1$）

真紀子：表の意味がもうひとつよく分からないわ.

良彦先生：ランダムに一本の横線を入れることによって，i 番目の縦線から j 番目の縦線に移る確率を表にしているのだよ.

　例えば，i が両端の縦線でないとすれば，隣に移る確率はそれぞれ $\dfrac{1}{m}$, そのまま変わらない確率は $\dfrac{m-2}{m}$, その他の縦線に移ることはありえないから，確率は 0 となる. もし，i が端の縦線ならば，隣が一つしかないから，そのまま変わらない確率は $\dfrac{m-1}{m}$ となる.

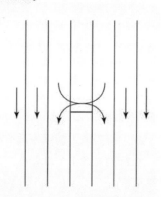

裕介：なるほど. これで表の説明は分かりました. しかし，それをどう使うのですか？

良彦先生：そう先を急がないで，一つ一つ考えていこう. ところで，行列は表なりと話をした時に，同時に行列は線形交換を表わすという話をしただろう. この表からできる行列を P とするよ. その時，P はどの

ような変換を表わすか考えてみよう.

これは, ちょっとむつかしいのだけれども, あみだに上から順に横線をランダムに l 本引いたときに, i 番目のルートに来ている確率を $p_i^{(l)}$ としよう. そして, n 次のベクトル $\boldsymbol{p}^{(l)}$ を

$$\boldsymbol{p}^{(l)}=\begin{pmatrix} p_1^{(l)} \\ p_2^{(l)} \\ \vdots \\ p_n^{(l)} \end{pmatrix}$$

によって定義する.

真紀子：ちょっと待って下さい. 確率 $p_i^{(l)}$ は, 初めにどこを引くかによって違うでしょう.

良彦先生：もちろんそうだよ. ここでは, 一般的に考えているのではっきり言わなかったのだけれど, もし, 初めに i 番目を引くとすると

$$\boldsymbol{p}^{(0)}=\begin{pmatrix} 0 \\ \vdots \\ 0 \\ 1 \\ 0 \\ \vdots \\ 0 \end{pmatrix} \leftarrow i\,番目$$

のベクトルから出発すればよいのだよ.

裕介：確率を成分にするベクトルってよく出てくるのですね.

良彦先生：そうだね. $\boldsymbol{p}^{(l)}$ をこのように定めると

$$\boldsymbol{p}^{(l+1)}=P\boldsymbol{p}^{(l)}$$

という関係が成り立つのだよ. と

```
100 REM *** MAT P^N
110  INPUT "N=",N
120  M=N-1
130  INPUT "K=",K
140  K1=0
150  DIM P(N,N),Q(N,N),R(N,N)
160 REM *** DEF MAT P
170  FOR I=1 TO M
180   P(I,I+1)=1/M
190   P(I+1,I)=1/M
200   P(I,I)=(M-2)/M
210  NEXT I
220  P(1,1)=(M-1)/M
230  P(N,N)=(M-1)/M
240 REM *** MAT Q=I
250  FOR I=1 TO N
260   Q(I,I)=1
270  NEXT I
280 REM *** MAT R=Q*P
290  FOR I=1 TO N
300   FOR J=1 TO N
310    S=0
320     FOR L=1 TO N
330      S=S+Q(I,L)*P(L,J)
340     NEXT L
350    R(I,J)=S
360   NEXT J
370  NEXT I
380 REM *** MAT Q=R
390  FOR I=1 TO N
400   FOR J=1 TO N
410    Q(I,J)=R(I,J)
420   NEXT J
430  NEXT I
440 REM *** COUNT K1
450  K1=K1+1
460  IF K1<K GOTO 280
470 REM *** PRINT MAT Q
480  FOR I=1 TO N
490   FOR J=1 TO N-1
500    PRINT Q(I,J);
510   NEXT J
520   PRINT Q(I,N)
530  NEXT I
540  END
```

「P の巾乗を計算するプログラム」

いうことは，k 本ランダムに横線を入れた結果は

$$p^{(h)}=P^k p^{(0)}$$

となる．したがって，行列 P の巾乗 P^k を計算すればよいのだよ．

真紀子：だけど先生．P^k を計算するのは本当に大変ですよ．

良彦先生：そこでだ．現代の文明の利器コンピューターを使うのだ．パソコンで P^k を計算するプログラムを作ったよ．このプログラムを使って，今日の問題を解決しよう．

真紀子：自由にデータがとれるのだったら，7 本の縦線を引いたあみだに10本の横線を入れたらどうなるか知りたいわ．

良彦先生：それじゃ，私のプログラムを RUN させてと．$N=7$, $K=10$ を入力し，しばらく待てばよい．

真紀子：すぐ結果が出るかと思ったら，意外と待たせるのね．

良彦先生：行列の積を繰り返すとすごい数の演算回数となるから少し時間がかかるのだよ．

裕介：あっ，結果が出て来ましたね．

```
N= 7
K= 10
 .406965    .307787    .176258    .0764719   .0250767   6.17838E-03   .0012631
 .307787    .275437    .208001    .124863    .0575736   .0201614      6.17838E-03
 .176258    .208001    .224041    .189102    .119948    .0575736      .0250767
 .0764719   .124863    .189102    .219126    .189102    .124863       .0764719
 .0250767   .0575736   .119948    .189102    .224041    .208001       .176258
 6.17838E-03 .0201614  .0575736   .124863    .208001    .275437       .307787
 .0012631   6.17838E-03 .0250767  .0764719   .176258    .307787       .406965
```

真紀子：このデータ，どう見るの？

良彦先生：もう一度表に戻して考えてみると分かりやすいよ．このデータの (i,j) 成分は，j 番目を引いた時に i 番目に行く確率を表わしている．ところで，当たりはどこにあるの．

真紀子：どこでもよいのだけど，左から 3 番目にあるとすると，どうなるの？

良彦先生：3 番目だと，3 行目を見ればよい．これを見ると，3 番目を引くと有利なことが分かる．

裕介：本当ですね．当りの真上を引いた人が有利になっている！

真紀子：でも先生、10本の横線というのが少なすぎるのではないですか？

良彦先生：そうかもしれないね．それじゃ，3に当りがあるとして，横線の数 k をもっと多くした時のデータを出して，表にしてみるよ．

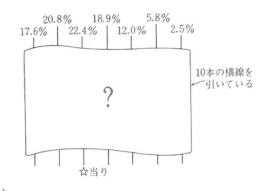

裕介：よく見ると，3を引いた時に一番有利なのは13本までで，それより本数が多いと1や2を引いた方が少し有利なようですね．

真紀子：それにしても，7なんかを引くと当たる確率は低いのですね．

良彦先生：なかなかの発見だろう．

真紀子：でも先生，この話が広がると皆当りの上の方ばかりを引きたがって困るのじゃないですか．あみだくじが消えていくかも．

k \ 出発点	1	2	3	4	5	6	7
11	18.2	20.5	21.6	18.3	12.1	6.3	3.0
12	18.6	20.3	20.8	17.8	12.2	6.7	3.6
13	18.8	20.1	20.3	17.4	12.2	7.1	4.1
14	19.1	19.9	19.8	17.0	12.2	7.4	4.6
15	19.2	19.7	19.3	16.7	12.2	7.8	5.1
16	19.3	19.6	19.0	16.4	12.2	8.1	5.5
17	19.3	19.4	18.6	16.1	12.2	8.3	5.9
18	19.4	19.3	18.3	15.9	12.2	8.6	6.3
19	19.3	19.1	18.1	15.7	12.2	8.8	6.7
20	19.3	19.0	17.9	15.5	12.2	9.0	7.1

（単位%）

裕介：そんなことはないと思うよ．当りの場所を見せるから悪いので，どこに当りがあるか見せなきゃいいのだよ．

真紀子：先生，次回は当りの場所が分からない場合のうまいくじの引き方を教えてくださいよ．

良彦先生：そりゃ，無理だよ．私は，うらない師じゃないのだから．

第 11 話

酔っぱらいはどこに行く？

真紀子：第4話で勉強した人口移動の問題「将来はどうなる？」はなかなかおもしろかったわ.

良彦先生：あの例は，マルコフチェインという名で呼ばれている確率過程の例の一つなのだよ.

裕介：こういったタイプの問題は初めてだったので興味が沸きましたが，このような話は他にもたくさんあるのですか.

良彦先生：そうだよ. 例えばこんな話はどうかね.

『裕介君は時々講義に遅れるが，連続して遅れると目立つのでなるべくそういうことがないように心がけている. もし彼がある日に遅刻すれば，次回には90％の確率で出席する. もし前回遅刻しなければ，30％の確率で遅刻をする. 長い間に彼の遅刻する確率はどの程度となるだろうか.』

裕介：僕はこんなに遅刻しませんよ. それにしても，こういう話もマルコフチェインの例になるのですか.

良彦先生：そうなんだ. 一つ前の状態の確率が，次の状態の確率を規定する. そういう変化の過程をマルコフチェインと呼ぶのだよ. 例えば，私が先にあげた例では，遅刻するという状態と遅刻しないという2つの状態がある. 今，この2つの状態を a_1, a_2 という記号を使って

a_1……遅刻する

a_2……遅刻しない

と表わすことにしよう.

真紀子：先生，文字というものは定数や変数を表わすものではないのですか.

良彦先生：なるほど，そういわれると，こういう文字の使い方は初めてだったかもしれないね. 確かに，未知数，変数，定数に文字を使うことが一番普通の使い方だけれど，このように状態を文字で表わしてもよいのだよ. 文字を使うと簡潔に表わすことができるうえに，扱っているものの構造がよく見えてくるという利点がある.

ところで，最初の確率を

$$P_1^{(0)} \cdots\cdots 最初に a_1 である確率$$
$$P_2^{(0)} \cdots\cdots 最初に a_2 である確率$$

とおくと……

真紀子：ちょっと待って. 最初は，遅刻するか，しないかのどちらかではないの？

良彦先生：それもそうだね. 一般的に表現するためにこう説明しているのだけど，最初が遅刻だとすると

$$P_1^{(0)}=1, P_2^{(0)}=0$$

と表わすのだよ.

真紀子：ああ，分かったわ. 遅刻するということは，遅刻する確率が100％，遅刻しない確率が0％ということだからでしょう.

良彦先生：そう，その通りだよ. それで，過程が n 段階後に状態 a_j にある確率を $P_j^{(n)}$ で表わし

$$\begin{pmatrix} P_1^{(n)} \\ P_2^{(n)} \end{pmatrix}$$

を確率ベクトルと呼ぶ. 遅刻の例の場合ある状態から別の状態に移る確率を表と図で表わすと，次のようになる.

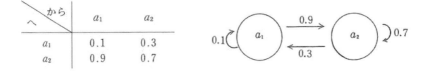

へ \ から	a_1	a_2
a_1	0.1	0.3
a_2	0.9	0.7

裕介：図の方が見やすいですね．これを見ると，状態 a_1 と a_2 の起こる確率 P_1，P_2 が

$$P_1 : P_2 = 1 : 3$$

の時に安定することが分かりますね．

輝之：ということは

$$\begin{pmatrix} P_1 \\ P_2 \end{pmatrix} = \begin{pmatrix} 1/4 \\ 3/4 \end{pmatrix}$$

に収束していくということかな．

真紀子：ということは，長い間には，約1/4遅刻するというのが答のようね．

裕介：僕はそんなに遅刻しませんよ．例が悪い！

良彦先生：ごめん．ごめん．

　ところで，今回は，今まで考えてきたものとは違う種類のマルコフチェインを考えてみよう．

輝之：えっ，マルコフチェインにも2種類あるのですか？

良彦先生：そうなんだ．次の問題を見てください．

酔っぱらいはどこに行く？

　酔っぱらいが道路を歩いている．彼の家は第1交差点の所にあり，なじみのバーは第6交差点の所にある．

　第2から第5の各交差点において酔っぱらいは一休みする．その後彼がバーの方に歩き出す確率は2/3であり，家の方に歩き出す確率は1/3であるとする．バーか家に着けば酔っぱらいはその中に消える．

　いま第2交差点にいるとしてこの男がバ

一に行き着く確率は家へ戻る確率より大きいだろうか？

真紀子：なかなかおもしろそうな話ですね．モデルは良彦先生ですか．

良彦先生：とんでもない！　私は，なじみのバーができる程飲みません
　よ．さて，この例では，第1交差点と第6交差点に行くと，そのまま
　の状態が続くことになる．このように，ある1つの状態が実現すると
　それから去って他の状態に移ることができない場合があるのがこのモ
　デルの特徴なんだ．このような状態を吸収状態といい，このような例
　を吸収マルコフチェインと呼ぶんだよ．

裕介：この問題を考える時にも，行列とベクトルを使うのですか．

良彦先生：そうなんだよ．よっぱらいが，ある交差点から隣の交差点まで
　移動するのを1つのステップとして，n ステップ後によっぱらいが，第
　i 交差点にある確率を $p_i^{(n)}$ とおくと，

$$P^{(n)} = \begin{pmatrix} p_1^{(n)} \\ p_2^{(n)} \\ p_3^{(n)} \\ p_4^{(n)} \\ p_5^{(n)} \\ p_6^{(n)} \end{pmatrix}$$

がこの場合の確率ベクトルなんだ．それで，n をどんどん大きくした時
　の確率ベクトルを調べるとよいのだよ．

真紀子：ところで，よっぱらいがバーに入ってしまったらどう考える
　の？

良彦先生：バーに入るとずっとそこにいるのだから，もし第 n ステップ
　でバーに入ったとすると，それ以後のステップではいつもバーのある
　第6交差点にいると考えるのだよ．

　　それで，確率ベクトルを少し計算すると次のようになる．

$$P^{(0)} = \begin{pmatrix} 0 \\ 1 \\ 0 \\ 0 \\ 0 \\ 0 \end{pmatrix} \quad P^{(1)} = \begin{pmatrix} 1/3 \\ 0 \\ 2/3 \\ 0 \\ 0 \\ 0 \end{pmatrix} \quad P^{(2)} = \begin{pmatrix} 1/3 \\ 2/9 \\ 0 \\ 4/9 \\ 0 \\ 0 \end{pmatrix} \quad P^{(3)} = \begin{pmatrix} 11/27 \\ 0 \\ 8/27 \\ 0 \\ 8/27 \\ 0 \end{pmatrix}$$

輝之：こんな計算を続けていると日が暮れてしまいそうですね．

良彦先生：そうだね．そこで，行列を利用するのだけれど，$n+1$ ステップ後の確率を n ステップ後の確率で表わすと

$$
\begin{cases}
p_1^{(n+1)} = p_1^{(n)} + \dfrac{1}{3} p_2^{(n)} \\[2mm]
p_2^{(n+1)} = \dfrac{1}{3} p_3^{(n)} \\[2mm]
p_3^{(n+1)} = \dfrac{2}{3} p_2^{(n)} + \dfrac{1}{3} p_4^{(n)} \\[2mm]
p_4^{(n+1)} = \dfrac{2}{3} p_3^{(n)} + \dfrac{1}{3} p_5^{(n)} \\[2mm]
p_5^{(n+1)} = \dfrac{2}{3} p_4^{(n)} \\[2mm]
p_6^{(n+1)} = \dfrac{2}{3} p_5^{(n)} + p_6^{(n)}
\end{cases}
$$

となる．これを，行列とベクトルで表わすと次のようになる．

$$
\boldsymbol{P}^{(n+1)} =
\begin{pmatrix}
1 & 1/3 & 0 & 0 & 0 & 0 \\
0 & 0 & 1/3 & 0 & 0 & 0 \\
0 & 2/3 & 0 & 1/3 & 0 & 0 \\
0 & 0 & 2/3 & 0 & 1/3 & 0 \\
0 & 0 & 0 & 2/3 & 0 & 0 \\
0 & 0 & 0 & 0 & 2/3 & 1
\end{pmatrix}
\boldsymbol{P}^{(n)}
$$

輝之：ずいぶん次元の大きい行列がでてくるのですね．

良彦先生：この話では，起こり得る可能性が6つあるから，行列の次元も6になるのだよ．さて，この行列を B とおくと，$\boldsymbol{P}^{(n)} = B^n \boldsymbol{P}^{(0)}$ となるから，B^n を計算すれば，よいのだよ．

輝之：とても手で計算できそうにありませんね．

良彦先生：それじゃ，私がパソコンを使って計算したデータを見せまし

N=10

1	.469187	.212993	.0848956	.0282985	0
0	.0184254	0	.0149029	0	0
0	0	.0482314	0	.0149029	0
0	.0596115	0	.0482312	0	0
0	0	.0596115	0	.0184254	0
0	.452777	.679165	.851971	.938373	1

ょう。これは，B^{10} です。

真紀子：ところで，このデータのどこを見ればよいのですか。

良彦先生：$P^{(0)}$ は，2番目の成分だけが1で他は0だから，$B^n P^{(0)}$ は B^n の第2列になるのだよ。

裕介：ということは，第1交差点にある家に帰る確率が約47％，バーに入っている確率が約45％ということですか。

良彦先生：そうだよ。それで，まだ途中の交差点でうろうろしている確率が，

　　　　第2交差点……1.8％　　　あることが分かる。
　　　　第4交差点……6.0％

真紀子：ここまでは，家に帰っている確率の方が大きいけれど，問題は，まだ途中の交差点にある7.8％がどうなるかですね。

輝之：B^{20} のデータはないのですか。第2列だけでいいのですが。

良彦先生：それじゃ，B^{20} の第2列のデータを見せましょう。

裕介：これを見ると，バーに入っている確率が50％を越えているね。

データ
.482892
1.22788E-03
0
.0039735
0
.511907

輝之：ところで，2番目のデータの後についている E-03 って何ですか？

良彦先生：これは，コンピューター独特の表わし方で，10^{-3} のことなんだ。だから　　$1.22788\text{E}-03 = 1.22788 \times 10^{-3} = 0.00122788$

ということなんだ。

輝之：ということは，20ステップ後でもまだ途中でうろうろしている確率はほとんどないということですね。

良彦先生：その通り。これから，男がバーに行く確率の方が家に帰る確率より大きいということが分かる。

裕介：酔っぱらいの執念もなかなかのものですね。

真紀子：ところで，私たちは B^n の成分のうち第2列しか使わなかったけれど，他の成分はどういう意味を持っているのですか。

良彦先生：それは，なかなかよい問題だね．私の方こそ，君たちに尋ねたいね．例えば，第3列の数値は何を表わしているのだろう．

輝之：今までは，第2交差点からスタートしたから2列目のデータを使っていたのでしょう．だから，3列目の数値は，第3交差点から出発した時に，n ステップ後にどこにいるのかの確率を表わしている，のではないですか．

良彦先生：そうその通りだよ．第3交差点からスタートすると，確率ベクトルの初期値 $P^{(0)}$ は

$$P^{(0)}=\begin{pmatrix}0\\0\\1\\0\\0\\0\\0\end{pmatrix}$$

となるだろう．従って，$B_n P^{(0)}$ は B^n の3列目の列ベクトルになる．ということで，輝之君の堪は当っていたわけだ．一般に，B_n の (i,j) 成分は，初めに第 j 交差点から酔っぱらいがスタートした時に，n ステップ後に第 i 交差点にいる確率を表わしているのだよ．

　こういう，現象も世の中にはいろいろとあるものだよ．君たちも何か例を考えてみませんか．

真紀子：こういうのはどうですか．題して「死のルーレット」．

輝之：真紀子って，意外と残酷な所があるのだね．

死のルーレット

　大悪党が今ギロチンにかけられようとしている．助けを求める悪党にたいし，いいかげんな王様はルーレットで生死をかけることにした．赤が出ればギロチンを1m巻き上げ，黒が出れば1m下げる．赤の目は5個，黒の目は3個である．ギロチンは今悪党の首から1mの高さにある．綱は5mであり，一番上まで巻き上げるか，または首が切れたらゲームは終わりである．悪党は助かるだろう

か？　また，他の場所にギロチンがある場合はどうだろうか．

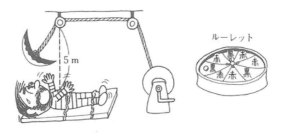

君も挑戦してみよう

私のクラスのある学生が考えた問題を考えてみよう．

ALL OR NOTHING

アメリカ横断中の日本人Aくんは，旅の途中で強盗に金を巻き上げられ90ドルしか持っていなかった．日本に帰るためには少なくとも200ドルは必要である．それで，Aくんはラスベガスでゲームをしてその金を稼ぐことにした．ゲームの各プレーでは，3/4の確率で30ドルを損失し1/4の確率で60ドル獲得する．もし90ドル失うか，110ドル以上獲得したならばプレーを中止する．Aくんが110ドル以上獲得する確率はいくらか？

何回かゲームをした後，nドルを持っている確率を p_n とおくことにする．n は，0，30，60，90，120，150，180，210，240のいずれかの値をとるが，その9つの場合の確率を成分に持つベクトルを

$$x=\begin{pmatrix} p_0 \\ p_{30} \\ \vdots \\ p_{240} \end{pmatrix}$$

を考える．さらに一回ゲームをすることによって，このベクトル x は x'

に変わるとする．その変化を表わす行列（即ち $x' = Ax$ となる行列）A を求めよ．（答えは103頁）

$$\left(\right)$$

A^{30} をパソコンで計算した所，つぎのようになった．これから，Ａくんが110ドル以上獲得する確率を求めよ．

$$\begin{pmatrix} 1 & .948 & .883 & .792 & .690 & .517 & .388 & 0 & 0 \\ 0 & 0 & 0 & 0 & .001 & 0 & 0 & 0 & 0 \\ 0 & 0 & .001 & 0 & 0 & .001 & 0 & 0 & 0 \\ 0 & 0 & 0 & .001 & 0 & 0 & .001 & 0 & 0 \\ 0 & 0 & 0 & 0 & .001 & 0 & 0 & 0 & 0 \\ 0 & 0 & 0 & 0 & 0 & .001 & 0 & 0 & 0 \\ 0 & 0 & 0 & 0 & 0 & 0 & 0 & 0 & 0 \\ 0 & .039 & .077 & .156 & .190 & .393 & .294 & 1 & 0 \\ 0 & .013 & .039 & .051 & .117 & .088 & .316 & 0 & 1 \end{pmatrix}$$

なお，ある所で０ドルまたは210ドル，240ドルとなると，それ以後ずっとその状態が続いているものとする．

又，もしＡくんが最初120ドル持っていたとしたら，帰国に必要な200ドル以上を手にする確率はいくらか．

第 12 話

待ち行列のシミュレーション

今日の良彦先生は,100面サイコロというちょっと変わった小道具を持ってやって来ました．100面サイコロというのは，100の面を持った球に近い形をした多面体で各面に 0 から99までの数字を書いたものです．

良彦先生：今日は，線形代数の応用の一つとして『待ち行列』について考えてみます．

真紀子：待ち行列って買物なんかの時にできる行列のことね．

良彦先生：そうです．

裕介：そんなものでも，数学の対象になるのですか．

良彦先生：そうなんだ．現実を模したモデルを作って，それを分析するのです．

こう言いながら良彦先生は，今日の課題を書いた紙片を差し出しました．

小さな街の郵便局の話である．小さい郵便局なので，窓口が1つしかない．1分間に平均0.8人のお客がくる．（1分毎に0.8の確率でお客があらわれるとする．）お客が1分たった後に用件をすまして帰る確率が0.6とする．また，既に，4人の客が列に並んでいると新しく来たお客は帰ってしまう．この時に，行列の長さの推移についてどのような事がわかるだろうか？

良彦先生：今日は，このモデルについて研究してレポートにまとめて提

出して下さい.

輝之:先生,急に言われてもどう手をつけてよいか分かりません.

良彦先生:それじゃ,少しだけ一緒にやってみよう.私が郵便局の局員に
なるよ.

　こう言って,良彦先生は,窓口
と書いた札を机の上に置きました.

良彦先生:さあ,ここが窓口だ.今
　3人の客が窓口で並んでいると
　しよう.真紀ちゃんと裕くん,
　啓子ちゃん,ちょっと出てきて
　並んでくれたまえ.

真紀子:えっ,前に出ていくのですか?

良彦先生:そうだよ.初めはできるだけ現実に近い形でした方が分かり
やすいからね.

　真紀子と裕介と啓子は出て行って机の前に並ぶ.

良彦先生:それじゃ,これからシミュレーションを始めよう.このモデル
では,1分毎に0.8の確率でお客があらわれるとなっているね.それ
で,客が来るかどうかを決めるために,輝之君このサイコロを振って
くれたまえ.

　こう言いながら,良彦先生は100面サイコロを輝之に渡した.

良彦先生:このサイコロには,100の面があり,それぞれに0から99の数
字が書いてある.客の来る確率は0.8だから,サイコロを振って0から
79の目が出ると客が来るということにしよ
う.

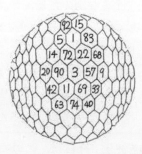

輝之:それじゃ,サイコロを振りますよ.

　輝之がサイコロを振ると,61が出ました.

良彦先生:目は61で79以下だから,輝之くん
は客になってください.

　輝之,席を立って列の一番後ろに並ぶ.こ
れで,列の長さは4人となる.

良彦先生：それでは真紀ちゃん，サイコロを振ってください．これは，用件が済んだかどうかを決めるためのもので，０から59までの目が出れば，用件が済んだものとします．では，振ってください．

　真紀子の振った目は，71であった．

良彦先生：残念でした．71が出ましたから，用件は終了しません．そのまま並んでいてください．これで，１分間がすぎ，第１ステップの終了です．初め３であった列の長さは４になりました．では，第２ステップに入ります．今度は，二郎くんサイコロを振ってください．

　二郎が席でサイコロを振る．出た目は78であった．

良彦先生：目が79以下だから，二郎くん，客になってこちらに来てください．

　二郎，席を立って前に来て，列の後ろに並ぼうとする．

良彦先生：ちょっと待ってください．並ぶ前に列の長さを確かめてください．列の長さはどれだけですか．

二郎：４人です．

良彦先生：最初に説明したように，既に４人並んでいると新しく来た客は用件を済ませずに帰ります．ということで，待つのが厭になって帰ります．

二郎：僕，帰っていいのですか．

良彦先生：そうです．

　二郎は嬉しそうに席に帰っていく．

良彦先生：では，真紀ちゃん，サイコロを振ってください．

　真紀子の振った目は，17であった．

良彦先生：17ですか．59以下は用件が済んだものとしますから，用件終了です．それでは，席に帰ってください．

　真紀子は席に帰る．

良彦先生：これで第２ステップが終了しました．今の列の長さは３です．また，用件が済んだ人が１人と来たけれども用件を済ませずに帰った客が１人います．こういったことを記録するために表をつくっておきましょう．

	乱数1	乱数2	C	R	F	L
1	61	71	1	0	0	4
2	78	17	1	1	1	3

真紀子：C，R，F，L は何ですか．

良彦先生：C は Consumer，R は Return，F は Finish，L は Length の
　　頭文字を取ったもので，それぞれ，客，来たけれど帰った人，用件が
　　終了した人，列の長さを表わしている．

裕介・啓子・輝之：先生，早く席に返らせてください．ずっと立ちっぱな
　　しで疲れてしまいました．

良彦先生：ごめん．ごめん．どうぞ，席に戻ってください．それでは，100
　　面サイコロを渡しますので，グループで，待ち行列のシミュレーショ
　　ンをしてみてください．

裕介：先生，シミュレーションって何のことですか．

良彦先生：シミュレーション (simulation) というのは，現実の変化を調
　　べるために，そのモデルを考え，それで模擬実験をすることを言うの
　　だよ．模擬実験だから，サイコロでどんどん乱数をつくっていって，
　　紙の上で集計していけばよいのだよ．初めは，やり方が理解しやすい
　　ように列をつくって並んでもらったけれど，分かればそこまでしなく
　　てもいいのだよ．

　　真紀子，裕介，輝之の3人組は，さっそく，待ち行列のシミュレーシ
ョンにとりかかりました．真紀子が，客が来るかどうかを判定するため
のサイコロを振り，輝之が，用件が終了したかどうかを判定するための
サイコロを振り，裕介が結果を表にまとめていきます．最初はめんどう
だなと思っていた3人もつい夢中になり，100ステップの実験をやりまし
た．その表は，次の頁にあります．100回のシミュレーションが終った所
に良彦先生がやって来ました．

良彦先生：すごいね．もう100回もやったのかい．それでは，列の長さの
　　平均や客に来た人の人数などを集計してみてくれたまえ．

待ち行列のシミュレーション（初期条件 3 人）

	乱数	乱数	C	R	F	L		乱数	乱数	C	R	F	L
1	61	71	1	0	0	4	51	68	38	1	0	1	3
2	78	17	1	1	1	3	52	93	25	0	0	1	2
3	67	26	1	0	1	3	53	86	92	0	0	0	2
4	32	19	1	0	1	3	54	87	51	0	0	1	1
5	45	72	1	0	0	4	55	62	80	1	0	0	2
6	74	93	1	1	0	4	56	99	43	0	0	1	1
7	54	32	1	1	1	3	57	48	87	1	0	0	2
8	34	18	1	0	1	3	58	78	08	1	0	1	2
9	04	70	1	0	0	4	59	13	70	1	0	0	3
10	38	69	1	1	0	4	60	22	91	1	0	0	4
11	05	89	1	1	0	4	61	17	55	1	1	1	3
12	97	11	0	0	1	3	62	29	06	1	0	1	3
13	23	04	1	0	1	3	63	09	66	1	0	0	4
14	32	88	1	0	0	4	64	90	18	0	0	1	3
15	67	33	1	1	1	3	65	97	71	0	0	0	3
16	81	87	0	0	0	3	66	83	19	0	0	1	2
17	77	53	1	0	1	3	67	59	46	1	0	1	2
18	57	89	1	0	0	4	68	71	33	1	0	1	2
19	25	67	1	1	0	4	69	85	51	0	0	1	1
20	50	51	1	1	1	3	70	09	02	1	0	1	1
21	30	88	1	0	0	4	71	46	67	1	0	0	2
22	60	49	1	1	1	3	72	23	22	1	0	1	2
23	36	45	1	0	1	3	73	30	00	1	0	1	2
24	45	71	1	0	0	4	74	35	63	1	0	0	3
25	69	63	1	1	0	4	75	51	94	1	0	0	4
26	41	82	1	1	0	4	76	20	02	1	1	1	3
27	09	85	1	1	0	4	77	08	76	1	0	0	4
28	57	71	1	1	0	4	78	57	91	1	1	0	4
29	82	06	0	0	1	3	79	87	04	0	0	1	3
30	17	95	1	0	0	4	80	65	47	1	0	1	3
31	70	55	1	1	1	3	81	69	73	1	0	0	4
32	97	93	0	0	0	3	82	31	09	1	1	1	3
33	31	55	1	0	1	3	83	45	63	1	0	0	4
34	30	92	1	0	0	4	84	48	80	1	1	0	4
35	98	05	0	0	1	3	85	85	82	0	0	0	4
36	00	86	1	0	0	4	86	20	84	1	1	0	4
37	74	76	1	1	0	4	87	65	34	1	1	1	3
38	63	84	1	1	0	4	88	72	55	1	0	1	3
39	48	12	1	1	1	3	89	18	85	1	0	0	4
40	20	60	1	0	0	4	90	81	15	0	0	1	3
41	13	21	1	1	1	3	91	45	43	1	0	1	3
42	12	84	1	0	0	4	92	21	27	1	0	1	3
43	57	38	1	1	1	3	93	02	65	1	0	0	4
44	25	18	1	0	1	3	94	56	26	1	1	1	3
45	10	88	1	0	0	4	95	53	48	1	0	1	3
46	78	44	1	1	1	3	96	32	54	1	0	1	3
47	99	33	0	0	1	2	97	15	12	1	0	1	3
48	38	51	1	0	1	2	98	91	70	0	0	0	3
49	45	96	1	0	0	3	99	10	86	1	0	0	4
50	75	40	1	0	1	3	100	56	61	1	1	0	4

　3人が，表を数えて集計した所，つぎのようになりました．また，推移がよく分かるようにグラフも描きました．

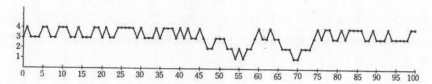

輝之：この表を見るとずいぶん混雑している様子がよく分かる．平均の列の長さが3を越えているものね．

真紀子：79人来た客のうち28人が窓口に並ぶのが厭で帰ってしまっている．こんな調子だとお客を銀行にとられちゃうのじゃない．

	0人	0回
列の長さ	1人	4回
	2人	13回
	3人	46回
	4人	37回
列の長さの平均		3.16
客に来た人		79人
帰った人		28人
用件のすんだ人		52人

裕介：しかし，一度シミュレーションをしただけで，結論を出すのはちょっと早いのじゃない．

真紀子：そうかしら．だって100回もしているから信頼してもいいのじゃない．

裕介：信頼できると言っても，どの程度かという問題もあるしね．

輝之：まあ，議論していても水かけ論になるだけだよ．まず実行の精神でもう一度やってみよう．

裕介：もう一度と言わずに，あと3回くらいやろう．

真紀子：裕ちゃん，変にがんばっているのね．まあ，いいでしょう．お付き合いいたしましょう．

　というわけで，3人は100ステップのシミュレーションをさらに3回やりました．その結果は，つぎのようになりました．

2回目　　　　　　　　　グラフと表

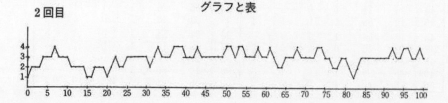

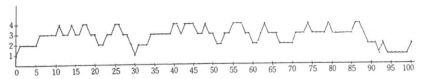

2回目	
0人	0回
1人	4回
2人	20回
3人	57回
4人	19回
列の長さの平均2.91人	
客に来た人	80人
帰った人	18人
用件のすんだ人	60人

3回目	
0人	0回
1人	8回
2人	24回
3人	48回
4人	20回
列の長さの平均 2.8人	
客に来た人	80人
帰った人	19人
用件のすんだ人	60人

4回目	
0人	0回
1人	2回
2人	20回
3人	53回
4人	25回
列の長さの平均3.01人	
客に来た人	80人
帰った人	18人
用件のすんだ人	60人

輝之：4回シミュレーションをやったけれど，いつも混んでいるね．

真紀子：列の長さ0というのは一度もないわね．これだと窓口で働いて
いる局員さんは全く息をつく暇もない．トイレにも行けないじゃない．

裕介：経営する立場から見ても，来た人の1/4近くが帰ってしまうよう
だと客が減って困ってしまう．

良彦先生：ところで，待ち行列の理論から分かることを教えるから，君た
ちのシミュレーションの値と比較してみてください．

　非常に多くの回数のシミュレーションをした結果，列の長さが i で
ある比率を p_i とすると，

$$\begin{pmatrix} p_0 \\ p_1 \\ p_2 \\ p_3 \\ p_4 \end{pmatrix} = \frac{r-p}{r\overline{r}-p\overline{p}s^4} \begin{pmatrix} \overline{r} \\ s \\ s^2 \\ s^3 \\ \overline{p}s^4 \end{pmatrix}$$

　ただし，$p=0.8$（客の来る確率），$r=0.6$（用件の済む確率），$\overline{p}=1-p$，$\overline{r}=1-r$，$s=p\overline{r}/r\overline{p}$ である．

　今の場合には，$s=2.67$ となり，電卓で計算すると

$$\begin{pmatrix} p_0 \\ p_1 \\ p_2 \\ p_3 \\ p_4 \end{pmatrix} = \begin{pmatrix} 0.010 \\ 0.068 \\ 0.181 \\ 0.483 \\ 0.258 \end{pmatrix}$$

となる．

裕介：まあ，理論値は，シミュレーションにかなり近い値が出ているね．

輝之：ところで，理論値から平均の列の長さや，来たけれど帰る人の数なんかは出ないの．

良彦先生：平均の列の長さは

$$p_1+2p_2+3p_3+4p_4=2.91$$

と計算できるよ．また，客が来る確率は0.8だから，その客の来た時に列の長さが4である確率0.258をそれに掛けると，客が来て帰る確率が出る．具体的には

$$0.8\times0.258=0.2064\fallingdotseq0.206$$

従って，100ステップでは，20.6人が用件を済ませないで帰っていくことになる．

真紀子：理論からも結構いろいろな予測ができるのね．

良彦先生：実は，この理論値も，一次変換を表わす行列の固有ベクトルから求めているのだよ．

輝之：線形代数の応用ってなかなか広いのですね．ところで，このモデルでは，窓口の能率が悪いですね．

真紀子：局員を増やすか，電算化で能率をアップするかしないとだめですね．

君も挑戦してみよう

本文の例では，余りに混んでいます．それで評判が落ち客の来る確率 p が0.6 に下がったとします（r は0.6のまま）．次頁の乱数を使って100回のシミュレーションをして，その結果を表にまとめてください．

列の長さ	0人	回
	1人	回
	2人	回
	3人	回
	4人	回
列の長さの平均		
客に来た人		人
列に並ばずに帰った人		人
用件のすんだ人		人

また，多数回のシミュレーションを行なった場合の平均の列の長さを前頁の理論値を求める式から計算して，シミュレーションで得た値と比較してみよ．

94頁の課題の解答

$$\begin{pmatrix} 1 & 3/4 & 0 & 0 & 0 & 0 & 0 & 0 & 0 \\ 0 & 0 & 3/4 & 0 & 0 & 0 & 0 & 0 & 0 \\ 0 & 0 & 0 & 3/4 & 0 & 0 & 0 & 0 & 0 \\ 0 & 1/4 & 0 & 0 & 3/4 & 0 & 0 & 0 & 0 \\ 0 & 0 & 1/4 & 0 & 0 & 3/4 & 0 & 0 & 0 \\ 0 & 0 & 0 & 1/4 & 0 & 0 & 3/4 & 0 & 0 \\ 0 & 0 & 0 & 0 & 1/4 & 0 & 0 & 0 & 0 \\ 0 & 0 & 0 & 0 & 0 & 1/4 & 0 & 1 & 0 \\ 0 & 0 & 0 & 0 & 0 & 0 & 1/4 & 0 & 1 \end{pmatrix}$$

待ち行列のシミュレーション（$p=0.6$, $r=0.6$　初期条件 3 人）

	乱数	乱数	C	R	F	L		乱数	乱数	C	R	F	L
1	94	59					51	84	41				
2	54	49					52	02	06				
3	35	32					53	07	59				
4	09	06					54	16	28				
5	48	99					55	17	64				
6	17	17					56	73	11				
7	94	68					57	61	71				
8	68	55					58	22	20				
9	52	36					59	26	04				
10	85	58					60	51	23				
11	75	71					61	64	62				
12	06	98					62	73	35				
13	62	30					63	91	00				
14	66	49					64	22	70				
15	32	93					65	06	22				
16	35	90					66	84	17				
17	57	36					67	76	20				
18	16	44					68	68	89				
19	84	98					69	62	41				
20	79	12					70	88	21				
21	98	23					71	00	56				
22	04	44					72	52	40				
23	83	86					73	78	87				
24	00	87					74	82	21				
25	34	05					75	01	27				
26	16	34					76	03	13				
27	34	50					77	72	04				
28	65	38					78	38	41				
29	36	49					79	68	86				
30	33	89					80	27	84				
31	85	86					81	65	73				
32	28	29					82	77	84				
33	22	20					83	41	50				
34	01	46					84	81	22				
35	71	34					85	12	49				
36	29	04					86	84	41				
37	73	25					87	97	71				
38	36	19					88	26	50				
39	86	29					89	37	96				
40	77	03					90	14	88				
41	00	95					91	62	09				
42	88	47					92	75	20				
43	29	61					93	10	48				
44	13	90					94	53	66				
45	45	07					95	71	24				
46	12	44					96	11	54				
47	90	53					97	40	48				
48	50	06					98	84	55				
49	17	29					99	31	14				
50	22	05					100	61	93				

第 13 話

行列とトーナメント

　真紀子と裕介を含め 6 人の大学生が体育館の片隅で何か話し合っている．激しい議論の声が聞こえるので何やらもめている様子である．

良彦先生：みんな何をもめているの？

裕介：実は，6 人のリーグで卓球したのですが，順位が決まらないのです．

良彦先生：どれどれ，対戦表を見せてごらん．

6 人のリーグ戦の対戦表

	裕　介	真紀子	輝　之	良　夫	啓　子	二　郎	成　績
裕　介		○	○	○	×	×	3 ― 2
真紀子	×		×	○	○	○	3 ― 2
輝　之	×	○		○	×	○	3 ― 2
良　夫	×	×	×		×	○	1 ― 4
啓　子	○	×	○	○		○	4 ― 1
二　郎	○	×	×	×	×		1 ― 4

良彦先生：結果もちゃんとでているじゃない．勝ち数の多い順に，啓子が1 位，裕介と真紀子と輝之の 3 人が同順位の 2 位，従って 3 位と 4 位はなく，良夫と二郎がこれも同順位の 5 位となる．これでいいじゃないか．

裕介：そこまでは私たちも分かります．しかし，賞品は２位までしか出さ
　　　ないことにしているので２位が３人もいると困るのです．

良彦先生：それじゃ，３人で２位決定戦をすればよいじゃないか．

裕介：ところが，体育館はまもなく閉館になるのでとても再試合をする
　　　時間がないのです．それで，この結果から，話し合いで２位を決めよ
　　　うとしているのですが，それが仲々むつかしいのです．

良彦先生：なるほど，なぜもめているのか分かったよ．ところで，どうい
　　　う意見が出ているの？

裕介：僕の意見は，僕が単独２位になるという意見です．というわけは，
　　　２位の３人の中の対戦成績を見ると，僕が他の２人に勝って２勝だか
　　　ら３人の中では一番強いことが分かるからです．

真紀子：それは，おかしいと思います．３人の中で１位の啓子に勝ってい
　　　るのは私だけです．その点を評価して私を単独２位にすべきです．

輝之：僕は，じゃんけんで決めるべきだと思います．

裕介：それから，もう一つ．誰が最下位かでももめているのです．

良彦先生：そこまで，決めなくてもよいだろう．

裕介：いやいや，そんなことはありません．賞品はカンジュースで，最下
　　　位の人が買ってくることになっているからです．先生が代りに買って
　　　きてくれればよいのですが，そうじゃないとちゃんと最下位を決めな
　　　いと困るのです．

良彦先生：それは大変だ．ところで，良夫と二郎の意見はどうなっている
　　　の．

良夫：二郎は僕に負けているから，二郎が最下位だと思います．

二郎：私は，勝ち星の中味を考えるべきだと思います．私の１勝は２位の
　　　裕介に勝った１勝ですから金星に近いでしょう．それに対し，良夫の
　　　１勝は弱い者同志の対戦でたまたま私に勝っただけですから，余り値
　　　うちがありません．だから良夫が最下位と考えるべきです．

良彦先生：なる程，それぞれの考えは分かったよ．裕介と良夫の意見は，
　　　同順位の者同志のリーグ戦での勝負の結果によって順位決定戦を代行
　　　しようという考え方だね．

裕介・良夫：そうその通りです．わざわざ順位決定戦をするよりもこの方が時間が節約できていいでしょう．

真紀子：そうすると，リーグ戦の中の特定の試合だけ2回利用することになり不公平だわ．

良彦先生：確かにそういう面もあるね．

真紀子：それで，同じ勝でも強い人に勝った場合と弱い人に勝った場合では値打ちに差をつけるというのが私の考えなのです．

二郎：僕の考えも，真紀子と同じです．

良彦先生：その場合に問題になるのは，どのようにして同じ一勝に差をつけるかだね．

真紀子：それが問題なのですよ．

二郎：間接勝ちといった考えはどうですか．私は，裕介に勝ちました．そして，裕介は真紀子と輝之と良夫に勝っています．それは，私が，真紀子と輝之と良夫に間接的に勝ったことと考えられます．それを間接勝ちと呼びます．そうしますと，私の場合には，間接勝ちの数は3となります．

良夫：僕が間接勝ちしたのは，二郎が勝った裕介1人だから，間接勝ちの数は1となるの．

二郎：そう，その通り．ということで，直接の勝ち数は同じでも間接の勝ち数で判定して，僕が5位，良夫が6位となる，というのが僕の考えです．

裕介：確かに，強い人は勝ち数が多いと考えると，強い人に勝つということとは間接勝ちの数が多いということで計れるね．

良彦先生：二郎の考えはなかなかおもしろいね．そして，この話は行列の話と結びつくのだよ．

学生たち：えっ，本当ですか．

良彦先生：そうなのだよ．対戦表から次のような行列を考えるのだよ．

$$A=\begin{pmatrix} 0 & 1 & 1 & 1 & 0 & 0 \\ 0 & 0 & 0 & 1 & 1 & 1 \\ 0 & 1 & 0 & 1 & 0 & 1 \\ 0 & 0 & 0 & 0 & 0 & 1 \\ 1 & 0 & 1 & 1 & 0 & 1 \\ 1 & 0 & 0 & 0 & 0 & 0 \end{pmatrix}$$

良彦先生：これを名付けて『リーグ戦行列』と呼ぼう.

真紀子：1が勝ったことを表わすわけですね.

良彦先生：そうなんだ. i 番目のプレイヤーが j 番目のプレイヤーに勝った時は (i, j) 成分を1とし，それ以外は0としているのだよ. そうすると，各行の和は，各プレイヤーの勝ち数となる. それを表わすためには，次のように右からすべての成分が1のベクトルをかければよい.

$$A\begin{pmatrix} 1 \\ 1 \\ 1 \\ 1 \\ 1 \\ 1 \end{pmatrix}=\begin{pmatrix} 3 \\ 3 \\ 3 \\ 1 \\ 4 \\ 1 \end{pmatrix}$$

良彦先生：ところで，A をこう定めると A^2 が，二郎君のいう間接勝ちを表わしているのだよ.

二郎：えっ，本当ですか.

良彦先生：A^2 の (i, j) 成分は，i 番目のプレーヤーが j 番目のプレーヤに間接勝ちした数を表わすのだよ.

裕介：成分が2以上だと2回以上間接勝ちとなるけどどういうことですか.

良彦先生：今日の結果だと，裕介は真紀子に2回間接負けしている. というのは，真紀子の勝った啓子と二郎が，裕介に勝っているからだよ.

裕介：ああ，そういうことですか. 分かりました.

良彦先生：さて，どうして A^2 の (i, j) 成分が i が j に間接勝ちした数を表わすかというと，行列 A の (i, j) 成分を a_{ij} と書くと，A^2 の (i, j) 成分は

$$a_{i1}a_{1j}+a_{i2}a_{2j}+\cdots+a_{i6}a_{6j}$$

となる．ところが，a_{ij} は 0 か 1 だから，各項 $a_{ik}a_{kj}$ は 0 か 1 の値をとり，

$$a_{ik}a_{kj}=1 \iff a_{ik}=1 \text{ かつ } a_{kj}=1$$

となる．i が k に勝ちかつ k が j に勝った場合，即ち i が k を通して j に間接勝ちした場合に限り，$a_{ik}a_{kj}=1$ となる．ということで，A^2 の (i,j) 成分は，i が j に間接勝ちした数になる．

真紀子：それで，今の場合 A^2 はどうなるの，皆で手分けして計算してみようよ．

6 人は，各自自分の行の成分を計算する．その結果 A^2 は次のようになる．

$$A^2=\begin{pmatrix} 0 & 1 & 0 & 2 & 1 & 3 \\ 2 & 0 & 1 & 1 & 0 & 2 \\ 1 & 0 & 0 & 1 & 1 & 2 \\ 1 & 0 & 0 & 0 & 0 & 0 \\ 1 & 2 & 1 & 2 & 0 & 2 \\ 0 & 1 & 1 & 1 & 0 & 0 \end{pmatrix}$$

良彦先生：各行の和が，各人の間接勝ちの数になる．

裕介：これを見ると，僕が 2 位になりますね．

良夫：僕が最下位なの．とほほ…．

真紀子：それにしても，行列っていろんな所に顔を出すのですね．

良彦先生：行列は表なりと考えれば，表はいたる所で利用されているからね．これと，ちょっとよく似た例に地図上のルートを数える例があるよ．

次の図のように 1 から 6 までの町があるとしよう．

良彦先生：町と町の間に道路があることを線で結んで示してある．これを表わす行列と

プレーヤー	間接勝の数
裕　介	7
真紀子	6
輝　之	5
良　夫	1
啓　子	8
二　郎	3

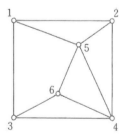

して，次のような行列を考えてみよう．

$$B=\begin{pmatrix} 0 & 1 & 1 & 0 & 1 & 0 \\ 1 & 0 & 0 & 1 & 1 & 0 \\ 1 & 0 & 0 & 1 & 0 & 1 \\ 0 & 1 & 1 & 0 & 1 & 1 \\ 1 & 1 & 0 & 1 & 0 & 1 \\ 0 & 0 & 1 & 1 & 1 & 0 \end{pmatrix}$$

裕介：1は，町と町の間にルートがあることを示しているのですね．

良彦先生：そうなんだ．さて，この行列 B について B^2 を計算するとつぎのようになる．

$$B^2=\begin{pmatrix} 3 & 1 & 0 & 3 & 1 & 2 \\ 1 & 3 & 2 & 1 & 2 & 2 \\ 0 & 2 & 3 & 1 & 3 & 1 \\ 3 & 1 & 1 & 4 & 2 & 2 \\ 1 & 2 & 3 & 2 & 4 & 1 \\ 2 & 2 & 1 & 2 & 1 & 3 \end{pmatrix}$$

良彦先生：ところで，この B^2 の行列の意味なんだけれど，例えば（1，4）成分は3となっているだろう．これは，1から4に行く2区間のルートが3つあるということを表わしているのだ．図で確かめると

$$\begin{cases} 1 \to 2 \to 4 \\ 1 \to 5 \to 4 \\ 1 \to 3 \to 4 \end{cases}$$

の3つのルートがあることが確認できるだろう．一般に (i,j) 成分は，i から j へ行く2区間のルートの数を表わすのだよ．さらに，B^n は n 区間のルートの数を表わすことになる．

裕介：行列には意外な所にいろいろ
の応用例があるのですね．

輝之：ところで先生は，この例が先
程のリーグ戦の例とよく似ている
と言いましたが，どうしてですか．

良彦先生：それは説明しないと分か

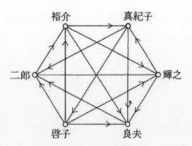

らないだろうね．最初のリーグ戦の対戦表を次のような図で表わすとよく似ていることが分かるよ．

裕介：一方通行の道がついていると思えば，ルートの話と似てきますね．

二郎：そして，間接勝ちは一方通行の道が２つつながっていることに当たるわけですね．

良彦先生：そういうことだね．

研究室だより

　良彦先生は，第3話の行列による世界旅行に興味を覚え，つぎのようなプログラムをつくりました．このプログラムでは，110行のPの値を変えることによって一般の modP の場合に，与えられた行列について，Sから出発したルートを次々と計算します．そして，同じ点に戻ってきた時に計算がストップするようになっています．

　このプログラムを使っていろいろなPの時に世界一周のルートがあるかどうか良彦先生は調べてみました．その結果，Pが2，3，5，7の時には世界一周のルートが見つかりました．しかし，P＝4，6，8の時にはそのようなルートがないことが分かりました．それで，良彦先生は予想しました．Pが素数の時には世界一周のルートがあるが，Pが素数でなければそのようなルートは存在しない．

　同僚のI先生とこの予想について議論していると，I先生が，Pが素数でなければ世界一周のルートは存在しないことを証明しました．しかし，予想の前半は証明できませんでした．

　この予想が正しいかどうか，読者のみなさんも考えてみてください．

```
100 REM *** WORLD TRIP BY A MATRIX    200  K=K+1
110  P=3                              210  FOR I=0 TO K-1
120  N=P*P-1                          220   IF X1=X(I) AND Y1=Y(I) THEN GOTO 270
130  DIM X(N),Y(N)                    230  NEXT I
140  X=1:Y=0                          240  PRINT K,X1,Y1
150  INPUT "A,B=",A,B                 250  X=X1:Y=Y1
160  INPUT "C,D=",C,D                 260  GOTO 170
170  X(K)=X:Y(K)=Y                    270  PRINT K,X1,Y1
180  X1=(A*X+B*Y)MOD P                280  END
190  Y1=(C*X+D*Y)MOD P
```

第 14 話

食う魚と食われる魚

裕介：最終回となりましたが，今日はどんな話ですか？

良彦先生：今日は非線形のモデルを1つ紹介しよう．

真紀子：非線形って何ですか．

良彦先生：線形でないモデルという意味なんだ．以前，都市と農村の人口
　　　移動のモデルを紹介したね．あの時に出て来た変換は線形変換だった．
　　　しかし，現実を単純化してモデルをつくる時，線形変換でないような
　　　変換が出てくる場合もよくあるのだよ．そのような例の1つを今日は
　　　紹介しようというわけさ．

輝之：それで，どんな話なのですか？

良彦先生：サメと小魚の相互関係のモデルなんだけれど，そのきっかけ
　　　になった話がちょっとおもしろいのだ．

真紀子：どういう話ですか．

良彦先生：第1次大戦の後，アドリア海の漁師が漁に出ると魚がめっき
　　　り減っていたというのだ．大戦中漁師は戦争に行って魚を取らなかっ
　　　た．だから，戦争が終って再び漁に出た時は，きっとたくさんの魚が
　　　いるだろうと思った．しかし，実際は魚の数が減っていたというのだ．

輝之：どうしてですか．

良彦先生：実は，魚を取って食べるのは人間だけではなかったのだ．サメ
　　　もえさとして小魚を食べていたのだよ．漁師が魚を取らないので魚が
　　　増えた．それで魚をえさにしているサメが増え，そのためにえさにな

る小魚が減少したということらしいのだ.

裕介：自然のサイクルが海の中にあったのですね.

良彦先生：そうなんだ. その関係を説明するためのモデルを紹介しよう
　　というわけなんだ.

輝之：僕は環境問題に興味を持っていますが，こういう所にも数学が出
　　てくるとは思いませんでした.

良彦先生：それじゃ,このモデルについて説明しよう.基準の年から n 年
　　後のサメの数を x_n,小魚の数を y_n としよう. 単位は百万として,基準
　　の年には

$$\begin{cases} x_0 = 0.8 \\ y_0 = 150 \end{cases}$$

の数のサメと小魚がいたとしよう. その時の関係式を

(1)
$$\begin{cases} x_{n+1} = x_n - (a - by_n)x_n & a = \dfrac{2}{3}, \quad b = \dfrac{1}{300} \\ y_{n+1} = y_n + (c - dx_n)y_n & c = \dfrac{1}{2}, \quad d = \dfrac{1}{2} \end{cases}$$

とする.

真紀子：先生，急に関係式が出て来ても分かりませんよ.

良彦先生：それもそうだね. それじゃ, これを説明するために, もっと簡
　　単な所から始めよう.

(2)
$$\begin{cases} x_{n+1} = x_n - ax_n & a = \dfrac{2}{3} \\ y_n = y_n + cy_n & c = \dfrac{1}{2} \end{cases}$$

この式は，サメあるいは小魚だけがいると考えた時の式なんだ. サメ
だけがいて小魚がいなければ,えさがなく毎年サメの数は $\dfrac{2}{3}$ 減になる
というのが上の式で，下は, サメがいなければ小魚は毎年 $\dfrac{1}{2}$ 増加する
という式なんだ.

裕介：先生，えさの小魚がいなくなり一年もすればサメは全滅するので
　　はないですか.

良彦先生：そう言われるとそうだね．困ったな．

輝之：図鑑でサメの所を見ると，ウバザメというのがあって，小魚やエビ
をえさにしているとあります．小魚がなくても，エビを食べて生きて
いけるサメもいるということにしておいたらどうですか．

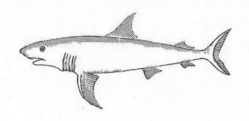

ウバサメ＝こざかなやエビを水ごとのみこみ，えらにあるくしのよ
うなものでこしとる．外海の水面近くにすむ．16 m．

良彦先生：どうもありがとう．数学のモデルはどうしても現実を単純化
するから，詳しく見るとおかしい所があることもよくあるのだよ．さ
てこのモデルだと，サメは減少し続け死滅するし，小魚は増え続けや
がて海にあふれてしまう．それではまずいからと相互の関係を考慮に
入れたのが，初めの関係式なんだ．小魚がいればその数に応じてサメ
の減少率が緩和されると考えて，Aの代りに $a-by_n$ としたわけなん
だ．同じように，サメがいればその数に応じて，小魚の増加率 c が影
響を受けるはずだから，c の代りに $c-dx_n$ としている．

裕介：by_n は小魚の数 y_n に応じて増加するサメの割合なのですね．

良彦先生：そうなんだ．そして，dx_n はサメの数 x_n に応じて減少する小
魚の数なんだ．

真紀子：やっと(1)の式の意味が分かりました．

輝之：ところで，サメの数と魚の数をまとめてベクトルと見て，ササ–ベ
クトルとでも呼べば，この関係も線形変換にならないのですか．

良彦先生：確かに関係式(1)をベクトルの形で表わすことはできるよ．つ
ぎのようにすればよいのだからね．

(1)′
$$\begin{pmatrix} x_{n+1} \\ y_{n+1} \end{pmatrix} = \begin{pmatrix} x_n-(a-by_n)x_n \\ y_n+(c-dx_n)y_n \end{pmatrix}$$

しかし，今までの例のように右辺の行列の各成分が x_n, y_n の一次式で
ないために，ササ-ベクトルにある定まった行列を掛ける形で表わすこ
とができないのだよ．

裕介：それで，非線形というのですね．

良彦先生：そうなんだ．

輝之：それにしても，１年単位で変化を考えるというのは荒っぽすぎる
のではないでしょうか．例えば，年の初めには，小魚がたくさんいた
としても，そのためにサメが増え出せば，数ケ月後にはかなり状況が
変わってくるでしょう．せめて，月単位くらいで変化を考えるべきで
はないでしょうか．

良彦先生：それもそうだね．それじゃ，基準となった時期から m ケ月後
のサメと小魚の数をそれぞれ X_m, Y_m （単位は百万）として，関係式
(1)を修正してみよう．

(3)
$$\begin{cases} X_{m+1} = X_m - (A - BY_m)X_m \\ A = \dfrac{2}{36}, \quad B = \dfrac{1}{3600} \\ Y_{m+1} = Y_m + (C - DX_m)Y_m \\ C = \dfrac{1}{24}, \quad D = \dfrac{1}{24} \end{cases}$$

年	サメの数	小魚の数
0	0.8	150
1	0.69564	170.123
2	0.65761	200.17
3	0.69452	236.079
4	0.82395	267.953
5	1.05644	278.479
6	1.33145	253.788
7	1.48244	205.53
8	1.40728	162.489
9	1.18961	138.771
10	0.95573	133.312
11	0.77175	142.514
12	0.65589	164.374
13	0.61084	197.571
14	0.64426	238.676
15	0.77883	277.553
16	1.04001	293.481
17	1.37494	266.196
18	1.57244	208.144
19	1.48565	157.232
20	1.22626	130.263

さて，これでモデルはできた．それで，
これを計算しよう．

真紀子：先生，こんなめんどうな計算を私
たちにやらせる気ですか．

良彦先生：いやいや，コンピューターにや
らせてきたよ．これが，そのデータなん
だ．(3)の関係式を使って計算したもので，
一年毎の結果を表にしたものです．

輝之：数字がごちゃごちゃ並んでいるよう
で，どうなっているのか分かりにくいで
すね．変化の様子をグラフに描くことは

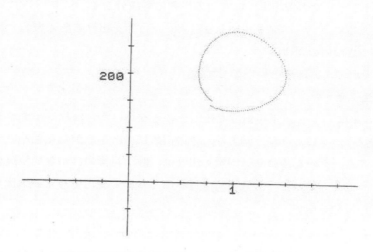

200

1

サメと小魚のサイクルを示すグラフ（11年11ケ月後まで）

できないのですか.

良彦先生：輝之君あたりが,
そんなことを言うと思って
ね, グラフも描いてきたよ.
こちらは, 月毎のデータを
年分プロットしたものだよ.

裕介：これを見ると, 約12年
の周期でサイクルを描いて
いる様子が分かりますね.

良彦先生：ところで, 最初の
データだけどね. それぞれ
のデータについて, 前の年
に較べて増加しているのか,
減少しているのかをチェッ
クして記号をつけてみると,
いろいろ分ってくるよ.

裕介：サメについても小魚に

年	サメの数			小魚の数		
0	0.8			150		
1	0.69564	↓		170.123	↑	
2	0.65761	↓		200.17	↑	増
3	0.69452	↑		236.079	↑	加
4	0.82395	↑	増	267.953	↑	期
5	1.05644	↑	加	278.479	↑	
6	1.33145	↑	期	253.788	↓	
7	1.48244	↑		205.53	↓	減
8	1.40728	↓		162.489	↓	少
9	1.18961	↓	減	138.771	↓	期
10	0.95573	↓	少	133.312	↓	
11	0.77175	↓	期	142.514	↑	
12	0.65589	↓		164.374	↑	増
13	0.61084	↓		197.571	↑	加
14	0.64426	↑		238.676	↑	期
15	0.77883	↑	増	277.553	↑	
16	1.04001	↑	加	293.481	↑	
17	1.37494	↑	期	266.196	↓	
18	1.57244	↑		208.144	↓	
19	1.48565	↓		157.232	↓	
20	1.22626	↓		130.263	↓	

ついても，5，6年の増加期と減少期が繰り返されているのですね．

輝之：ところで，漁師が小魚を取るとどういうことになるのですか．

良彦先生：そうだね．小魚はサメがいなければ毎年 $\frac{1}{2}$ 増加しているのだ

けれど，漁師がその40%を取るとしてみよう．そうすると，式の c を

$\frac{1}{2}$ から $\frac{3}{10}$ に，C を $\frac{1}{24}$ から $\frac{1}{40}$ にすればいい．ところで，その結果ど

のような変化が起こると思う？

真紀子：魚を減らす要因が，サメだけだったのが，サメと漁師になるのだ

から，魚の数が減少する．

輝之：ちょっと待って，でも魚の数が減少するとその結果としてサメの

数も減少するだろう．だから，魚もサメも数が減少するのではないか

なあ．

裕介：それにしても，サイクルはあるのだろうかね．

良彦先生：実は，これが漁師を考えに入れた時のグラフだよ．

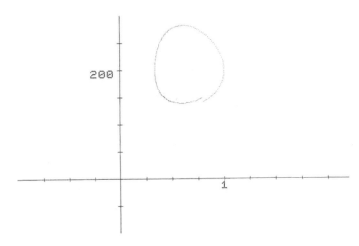

漁師を考慮に入れたモデル（14年5ケ月後まで）

輝之：これを見ると，サメの数が大巾に減っていますね．

真紀子：それに対して，小魚の変動する範囲はほとんど変化していませ

んね．驚きですね．

裕介：周期は約12年から約14年半に延びていますね．

良彦先生：漁師が，小魚を取ると，全体としてサメが減少し，小魚には余り変化がない．これはおもしろい結果だね．

注）ここでは，差分方程式として扱ったが，微分方程式

$$\begin{cases} \dot{x} = -(a-by)x \\ \dot{y} = (c-dx)y \end{cases}$$

として扱うのが一般的である．これはボルテラの微分方程式の名で呼ばれている．微分方程式では完全にサイクルを描く．しかし，差分方程式では出発点から少しずれた点にしか戻ってこない．

なお，数値のデータを出すためのプログラムは BASIC によるもので次のようなものである．100行を

$$100 \quad X=X-(A-B*Y)*X$$

とやるミスを犯さないように注意されたい．これだと，110行の右辺の X の値が既に新しくなっており，

$$y_{n+1}=y_n+(C-Dx_{n+1})y_n$$

とすることになる．皮肉なことにこのミスを犯すとサイクルが完全になる．

```
10   REM***FISH
20     A=2/36
30     B=1/3600
40     C=1/24
50     D=1/24
60     X=.8
70     Y=150
80   INPUT "N=", N
90     FOR I=1 TO 12*N
100      U=X-(A-B*Y)*X
110      Y=Y+(C-D*X)*Y
120      X=U
```

```
130    IF I/12−INT(I/12)>.0001 THEN 150
140        PRINT I/12, X, Y
150    NEXT I
160    END
```

君も挑戦してみよう

　本文では，食物連鎖の非線形モデルを扱いましたが，線形モデルを考えることもできます．つぎの話は，イギリスのボルト氏から送られてきたうさぎときつねの食物連鎖のモデルに合わせて，私のクラスの学生Mさんが話を作ったものです．将来はどうなるか考えてみましょう．

　　昔々，とある山に野うさぎときつねが住んでいました．この山に住むきつねはどんくさくて，すばしっこいうさぎをなかなかつかまえることができませんでした．このきつねは1年に1匹くらいしかうさぎを食べられなかったので，うさぎはたいそうごちそうでした．

　　この山には最初うさぎが1000匹，きつねが100匹住んでいました．うさぎ（r）ときつね（f）の個体数の変化は次のように表すことができます．

$$\begin{cases} r'=1.2r-f & ① \\ f'=0.1r+0.5f & ② \end{cases}$$

　　①について：うさぎが子供を産むのと，寿命で死んでしまうのとを考えると，うさぎの個体数は $1.2r$ になる．そのうちきつねに食べられる数 f をひくので，つぎの年のうさぎの個体数 r' は $1.2r-f$ となる．

　　②について：うさぎを食べてパワーがつくので，子供が生まれてきつねが $0.1r$ ふえるが，寿命や飢えで死んでしまうものも多いので前年の個体数 f よりも半減し $0.5f$ となる．この2つを足すと $f'=0.1r+0.5f$ となる．

あとがき

　この本は，1990 年 5 月から 12 回にわたって「Basic 数学」に連載をした『真紀子と裕介のおもしろ線形代数』をまとめたものである．今回まとめるにあたり，問題を追加すると共に，新たに，「行列による世界一周」「カサはなぜ開く」「斜交座標とベクトル空間」の 3 章を書き下ろした．そのうちの 2 章については，今年度の「Basic 数学」に補講として発表した．

　この本は，いろいろな面で風変わりな線形代数の本ではあるが，話題の多くは私自身のオリジナルではない．多くの人から教えていただいた話題やアイデアを集めたものである．

　「カサはなぜ開く」のように高校生のアイデアが元になったものもあれば，「食う魚と食われる魚」のように本（「計算数学夜話」森口繁一）の中からトピックを得たものもある．さらに，イギリス人 Brian Bolt 氏からは，「行列による世界一周」と魔法三角によるベクトル空間の導入の話を教えていただいた．Bolt 氏からは，動物の個体数モデルがイギリスの線形代数の授業で活用されていることも教えていただいた．イギリスにおいても，線形代数を現実と結びつける方向で，楽しく教える試みがなされていることを知り，大変嬉しく思った．

　ただ，いずれの話題についても，私の授業で紹介をし，学生諸君と共に吟味している．その過程で，学生の中から新しいアイデアが出て発展したものもある．

　したがって，私は，この本の著者というより，編者のような者である．真の著者は話題を提供してくれた人たちであり，それを発展させてくれた学生である．それらの人々に感謝したい．

1993 年 2 月　著者記す

MEMO

著者紹介：

木村 良夫（きむら・よしお）

1949 年　和歌山市に生まれる

1971 年　大阪大学理学部数学科卒業

現　　在　兵庫県立大学名誉教授

著　　書　真紀子と裕介の目で見る線形代数（サイエンティスト社）

　　　　　パソコンがつくる楽しい数学（現代数学社）

　　　　　パソコンで遊ぶ数学（講談社）

　　　　　数学パズルで遊ぼう（日本評論社）

対話・おもしろ線形代数

2020 年 3 月 20 日　　　初版 1 刷発行

検印省略

著　者　　木村良夫

発行者　　富田　淳

発行所　　株式会社　現代数学社

〒 606-8425 京都市左京区鹿ヶ谷西寺ノ前町 1

TEL 075 (751) 0727　　FAX 075 (744) 0906

http://www.gensu.co.jp/

© Yoshio Kimura, 2020
Printed in Japan

装　幀　　中西真一（株式会社 CANVAS）

印刷・製本　　亜細亜印刷株式会社

ISBN 978-4-7687-0530-8

ISBN978-4-7687-0530-8

C3041 ¥1900E

定価(本体1,900円＋税)

現代数学社

9784768705308

1937041019000

客注

書店CD： 1 8 7 2 8 0　　　1 9

コメント： 3 0 4 1

受注日付： 2 4 1 2 0 9

受注No： 1 0 0 0 4 3

ISBN： 9 7 8 4 7 6 8 7 0 5 3 0 8

1／1

7 2　　　　　ココからはがして下さい